专利分析
操作与实务

林志坚　谌凯　吴巧玲　应向伟 等◎编著

科学技术文献出版社
SCIENTIFIC AND TECHNICAL DOCUMENTATION PRESS

·北京·

图书在版编目（CIP）数据

专利分析操作与实务 / 林志坚等编著 . —北京：科学技术文献出版社，2018.7

ISBN 978-7-5189-4711-9

Ⅰ.①专…　Ⅱ.①林…　Ⅲ.①专利—分析　Ⅳ.① G306

中国版本图书馆 CIP 数据核字（2018）第 162551 号

专利分析操作与实务

策划编辑：周国臻　张　丹　责任编辑：赵　斌　责任校对：文　浩　责任出版：张志平

出　版　者	科学技术文献出版社
地　　　址	北京市复兴路15号　　邮编　100038
编　务　部	（010）58882938，58882087（传真）
发　行　部	（010）58882868，58882870（传真）
邮　购　部	（010）58882873
官 方 网 址	www.stdp.com.cn
发　行　者	科学技术文献出版社发行　全国各地新华书店经销
印　刷　者	北京地大彩印有限公司
版　　　次	2018 年 7 月第 1 版　2018 年 7 月第 1 次印刷
开　　　本	710×1000　1/16
字　　　数	261千
印　　　张	16
书　　　号	ISBN 978-7-5189-4711-9
定　　　价	98.00元

《专利分析操作与实务》编著委员会

成员名单

主　　任：林志坚

副 主 任：谌　凯　　吴巧玲　　应向伟

撰写人员：储晓露　　仇秋飞　　张　帆　　方　飞

　　　　　林　坤　　许丹海　　周武源　　吴叶青

　　　　　潘婷婷

序 言

进入 21 世纪以来，全球科技创新进入空前密集活跃的时期，科技创新已经成为增强综合实力和核心竞争力的决定性因素。"抓创新就是抓发展，谋创新就是谋未来"，谁能在科技创新上下先手棋，把科技的优势有效转化为经济和产业竞争的"胜势"，谁就能掌握主动。自浙江省第十四次党代会以来，以"八八战略"为总纲，找方向、看长远、谋全局，浙江省紧紧抓住了科技创新这个"牛鼻子"，以产业创新为主线，深入实施创新驱动发展战略和知识产权强省战略。浙江的科技铁军在创新转型的路上积极向科技创新要方向、要规律、要动力、要方法、要成果，加快形成以创新为主要引领和支撑的经济体系和发展模式。

专利正是科技创新的一柄利器。专利信息蕴含丰富的技术、法律和商业信息，是世界上最大的公开技术信息源之一。开展专利分析研究是实施国家"创新驱动发展"战略的重要组成部分，也是推进知识产权与产业融合发展，强化知识产权促进产业提质增效、转型升级的重要手段。

浙江省科技信息研究院结合近年来开展知识产权研究与服务的成果，组建团队编著《专利分析操作与实务》一书。该书由浅入深，系统介绍了专利分析常用工具、图表、方法和要领，可供专利分析初学者和从业人员自学和培训之用。更可贵的是，书中精选的案例亦可作为科技部门和企业经营管理人员了解各产业发展现状和趋势的参考。既有"手册"之功，又有"研报"之用，充分体现了自身的软实力。衷心希望浙江省科技信息研究院能够以此为契机，深入学习贯彻习近平总书记对浙江工作的重要指示，深化实施"八八战略"，扛起新使命、增强新本领、展现新作为，高水平推进信息院"一库三中心"建设，勇立全省智库潮头，为加快建立科学高效的创新治理体系、超常规建设创新强省提供高质量的科技供给。

高鹰忠

浙江省科学技术厅厅长

浙江省知识产权局局长

前 言

专利信息蕴含丰富的技术、法律和商业信息，是世界上最大的公开技术信息源之一。开展专利分析方法与服务研究是实施国家"创新驱动发展"战略的重要组成部分，也是推进知识产权与产业融合发展，强化知识产权促进产业提质增效、转型升级的重要手段。专利分析将检索到的专利信息，经筛选、标引、统计和归纳，形成可视化的图表，供专利情报分析之用；通过对专利分析图表的对比、分析和研究，可对产业和技术发展做出预测和判断，得到富有价值的情报，为政府的科技管理和企业的经营战略等提供决策参考。

浙江省科技信息研究院自 2012 年以来，开展专利信息分析、知识产权分析评议和专利导航等系列研究与服务，先后承担多项国家知识产权局、省知识产权局的专利战略推进工程项目，知识产权相关的省级软科学研究项目 10 余项，以及横向服务项目 20 余项，涉及电动汽车、动力锂电池、农机装备智能控制系统、喷药无人机、农业采摘机械手、农机多地形行走机构、服务机器人、工业机器人、虚拟现实、海底电缆、肿瘤靶向治疗药物、生物医用材料、红外传感器、钕铁硼磁性材料、移动通信 LTE 技术和智能纺织装备等技术领域，为知识产权强国战略的实施尽了绵薄之力。在项目实施过程中，我们也开展了专利分析方法的多种探索与实践，取得了一些成果。早在 2015 年，为促进本单位专利分析工作的规范化和标准化，培养专利分析实务人才，我们开展了本书的策划、编著与修缮工作，历时 3 年最终完成，凝聚了业内多位专家的智慧，以飨读者。

本书从专利分析入门者和专利分析工作者这两个视角，系统、全面地阐述了专利分析软件操作、图表制作与分析实务。一方面，站在专利分析入门者的角度，介绍专利分析的基本知识、技术用语（第一章）；例举目前业内常用的八大专利检索与分析系统的特色优点，以供读者选择合适的分析工具（第二章）；详述各种专利分析工具的基本操作方法，"手把手"带入门者学习工具使用，发挥"手册"的功能。另一方面，站在专利分析工作者的角度，介绍常用专利分析方法的操作流程、规范和分析要领（第三、第四、第五章）。古人云："治大国，若烹小鲜。"制作一份漂亮的专利分析报告亦如此。本书介绍了各种专利分析方法的应用实务，以案例为主结合详尽的图文剖析，使形而上的分析方法更加具象化、富有参考性。同时，在案例中还增加了方法释义、案例启示，引导读者思考各种专利分析方法的精髓与技巧，以便举一反三，方便读者随时查阅与翻检，发挥专利分析"美食菜谱"的作用。

本书由林志坚、吴巧玲和应向伟总体策划，林志坚、谌凯负责结构框架设计，吴巧玲、应向伟负责审核，林志坚承担全书统稿工作。各章编撰分工如下：第一章由林志坚、吴巧玲、应向伟完成；第二章由谌凯、林志坚、林坤、许丹海完成；第三章由林志坚、吴巧玲、张帆、方飞完成；第四章由林志坚、储晓露、仇秋飞完成；第五章由谌凯、应向伟、周武源、储晓露完成。感谢吴叶青、潘婷婷为本书的编撰所付出的辛勤努力，感谢单位其他领导和同事的支持和帮助，在此表示最诚挚的谢意！

本书大部分案例、图表来自浙江省科技信息研究院相关课题研究成果，同时学习和汲取了国家知识产权局《产业专利分析报告》系列丛书、《专利分析实务手册》《专利分析方法、图表解读与情报挖掘》、上海科学技术情报研究所《专利地图方法与应用》等专利分析著作及与专利分析相关学术论文的内容，不再一一注明，谨向相关单位和作者致以最诚挚的敬意！

希望《专利分析操作与实务》的出版能为普及专利分析在促进产业转型升级中的应用、开拓专利分析思路发挥积极作用，对从事专利分析研究与服务的工作人员有所帮助。由于研究人员水平有限，著者虽倾尽全力，书中的观点和内容仍难免存在偏颇和疏漏，望广大读者朋友们批评指正，提出宝贵的修改意见和建议！

《专利分析操作与实务》编著委员会
2018 年 5 月

目 录

案例目录

图示目录

表格目录

第一章
专利分析概述

1.1　专利的基础知识及应用

1.1.1　专利

专利（Patent）一词来源于拉丁语"Litterae Patentes"，意为公开的信件或公共文献，是中世纪的君主用来颁布某种特权的证明。"专利"是《专利法》中最基本的概念，目前尚无统一的定义，在不同语境下有三种含义：一是指专利权；二是指受到《专利法》保护的发明创造；三是指专利文献。专利分析中的"专利"主要具有第二种含义，是指"符合《专利法》的规定，经法定程序确认，受《专利法》保护的发明创造"。

据世界知识产权组织（WIPO）统计，专利信息是世界上最大的公开技术信息源之一，它包含了世界上 90% ~ 95% 的技术信息，其中 80% 并未记载在其他文献中，很多发明成果仅通过专利信息公开。

1.1.2　专利的主体

发明人（Inventor）：对发明创造的实质性特点做出创造性贡献的人，应当是自然人，不能是单位或集体。如果是数人共同做出的，应当将所有人的名字都写上。在完成发明创造的过程中只负责组织工作的人、为物质技术条件的利用提供方便的人或从事其他辅助工作的人，不应当被认为是发明人。发明人是发明创造的主体，但不一定是专利权的主体。

申请人（Applicant）：对专利权提出申请的自然人或单位（法人）。一般情况下，专利授权后申请人成为专利权人。单位是指按照法定程序设立，有一定的组织机构和独立的（或独立支配的）财产，具有民事权利能力和民事行为能力，并能以自己名义依法独立享有民事权利和承担民事义务的组织。单位应当具备下列条件：①依法成立；②有必要的财产或经费；③有自己的名称、组织机构和场所；④能够独立承担民事责任。

专利权人（Assignee）：实际对专利具有独占、使用、处置权的自然人或法人。专利权可以通过授予获得，也可通过转让、赠予或继承等获得。

1.1.3 专利的客体

专利客体（Patent Object），即专利保护的客体，是指专利保护的对象。在《专利法》的范畴内，指可以获得《专利法》保护的发明创造。根据我国《专利法》（2009 年）第一章第二条的规定，受到我国《专利法》保护的对象包括发明、实用新型和外观设计 3 种发明创造。因此，我国专利保护的客体应该是发明、实用新型和外观设计 3 种专利。专利分析中的分析对象通常是指发明和 / 或实用新型专利。

发明是指对产品、方法或其改进所提出的新的技术方案。其特点是：①发明是一项新的技术方案，是利用自然规律解决生产、科研、实验中各种问题的技术解决方案，一般由若干技术特征组成。②发明分为产品发明和方法发明两大类型。产品发明包括所有由人创造出来的物品，方法发明包括所有利用自然规律通过发明创造产生的方法。方法发明又可以分成制造方法和操作使用方法两种类型。③《专利法》保护的发明也可以是对现有产品或方法的改进。

实用新型是指对产品的形状、构造或者其结合所提出的适于实用的新的技术方案。实用新型与发明的不同之处在于：①实用新型只限于具有一定形状的产品，不能是一种方法，也不能是没有固定形状的产品；②相比发明专利，实用新型专利对创造性的要求较低，发明专利授权要求"具有突出的实质性特点和显著的进步"，而实用新型专利仅要求"具有实质性特点和进步"。

外观设计是指工业品的外观设计，也就是工业品的式样。它与发明或实用新型完全不同，即外观设计不是技术方案。我国《专利法实施细则》第二条规定："外观设计，是指对产品的形状、图案或者其结合以及色彩与形状、图案的结合所做出的富有美感并适于工业应用的新设计。"

专利客体的种类因国家而异，如美国专利客体的种类较多，包括发明专利、植物专利、设计专利、再审查证书和依法登记的发明等。

1.1.4　专利权

专利权（Patent Right），是指专利权人在法律规定的范围内独占使用、收益、处分其发明创造，并排除他人干涉的权利。专利权是发明创造人或其权利受让人对特定的发明创造在一定期限内依法享有的独占实施权，是知识产权的一种。

专利权具有以下主要特征：

（1）独占性

所谓独占性，亦称垄断性或专有性。专利权是由政府主管部门根据发明人或申请人的申请，认为其发明成果符合《专利法》规定的条件，而授予申请人或其合法受让人的一种专有权。它专属权利人所有，专利权人对其权利的客体（即发明创造）享有占有、使用、收益和处分的权利。

（2）时间性

专利权只在一定期限内有效，期限届满后保护的发明创造就成为全社会的共同财富，任何人都可以自由利用。各国的《专利法》对于专利权的有效保护期均有各自的规定，而且计算保护期限的起始时间也各不相同。我国《专利法》规定，自申请日起，发明专利的有效期为 20 年，实用新型和外观设计专利的有效期均为 10 年。

（3）地域性

所谓地域性，就是对专利权的空间限制。它是指一个国家或一个地区所授予和保护的专利权仅在该国或该地区的范围内有效，对其他国家和地区不发生法律效力，其专利权是不被确认与保护的。如果专利权人希望在其他国家享有专利权，那么，必须依照其他国家的法律另行提出专利申请。除非加入国际条约及双边协定另有规定，任何国家都不承认其他国家或国际性知识产权机构所授予的专利权。

1.1.5　专利文献的标识号码

（1）专利申请号

专利申请号是指各国家、地区、政府间知识产权组织受理一件专利申请时给予该专利申请的一个标识号码。在我国，2003 年及以前的专利申请号用 8 位阿拉伯数字加上小数点后的 1 个校验码表示；2004 年起，专利申请号用 12 位阿拉伯数字加上小数点后的 1 个校验码表示，其中 12 位阿拉伯数字由 3 个部分组成：申请年号、申请种类号和申请流水号。

例如，中国专利申请号"201210239451.1"中，左起第 1 至第 4 位数字是申请年号，表示受理专利申请的年度为"2012 年"；第 5 位数字是申请种类号，表示专利申请的类型是"发明专利"（专利种类代码："1"为发明专利，"2"为实用新型专利，"3"为外观设计专利）；第 6 至第 12 位数字（共 7 位）是申请流水号，表示受理专利申请的相对顺序；小数点后面的"1"是校验码。

（2）专利文献号（专利公布号 / 公告号 / 公开号）

专利文献是指各国家、地区、政府间知识产权组织在审批专利过程中按照法定程序产生的出版物，以及其他信息机构对上述出版物加工后的出版物。

专利文献号是知识产权组织按照法定程序，在专利申请公布和专利授权公告时给予的文献标识号码。

在我国，专利文献号用 9 位阿拉伯数字表示，包括申请种类号和流水号两个部分。国别代码和专利文献种类标识代码虽然不是专利文献号的组成部分，但是为了完整、准确地标识不同种类的专利文献，应将三者联合使用。排列顺序应为：国别代码、专利文献号、专利文献种类标识代码。

例如，专利申请公布号"CN107434825A"中，"CN"是国别代码，表示该专利是中国专利；左起第 1 位数字是申请种类号，表示专利申请的种类是"发明专利"（专利种类代码："1"为发明专利，"2"为实用新型专利，"3"为外观设计专利）；第 2 至第 9 位数字（共 8 位）是流水号；"A"是专利文献种类标识代码，表示该专利法律状态为"发明专利申请公布"。

通过专利文献号的国别代码能够反映出行业中主要技术集中的目标市场，以及关注该目标市场的主要国家和地区、主要申请人。结合专利文献号中的国别和年代分布，可以分析目标市场的变化，也可以分析目前市场主体在全球的专利分布或布局情况。

通过专利文献种类标识代码能够反映专利文献的专利状态信息，掌握这些知识有助于专利分析中的专利法律状态分析和核心专利技术分析等工作的开展。现行的中国专利文献种类标识代码中字母的含义如下：

"A"表示发明专利申请公布；

"B"表示发明专利授权公告；

"C"表示发明专利权部分无效宣告的公告；

"U"表示实用新型专利授权公告；

"Y"表示实用新型专利权部分无效宣告的公告；

"S"表示外观设计专利授权公告或专利权部分无效宣告的公告。

专利的国别代码含义可以查阅国家知识产权局官方网站的"ST.3 用双字母代码表示国家、其他实体及政府间组织的推荐标准 –2011"，网址：http://www.sipo.gov.cn/wxfw/zlwxxxggfw/zsyd/bzyfl/gjbz/xxhwxdtybz，也可通过 SooPAT 专利搜索引擎查阅，网址：http://global.soopat.com/Patent/Countrys。

（3）优先权号

专利的优先权是指专利申请人就一项发明在一个缔约国提出申请专利后，在规定时间内又向其他缔约国提出申请时，申请人有权要求以第一次提出的日期作为后一个提出申请的申请日期的权利。优先权号是指某专利要求优先权的申请文件的申请号。

在专利分析中，优先权号中的国别信息能够反映出技术输出地，创新主体的国籍、公司总部或研发中心所在地。

（4）专利家族号

由至少一个共同优先权联系的一组专利文献，称一个专利族（Patent Family）。在同一专利族中每件专利文献被称作专利族成员（Patent Family Members），同一专利族中每件专利互为同族专利。在同一专利族中最早优先权的专利文献被称为基本专利。专利家族号是指各专利族成员的专利公开号。

例如：

——优先权：

优先申请国家——US，优先申请日期——1985.1.14，优先申请号——690915。

以下为该专利族各成员的专利家族号：

US 4588244（申请日：1985 年 1 月 14 日）；

JP 61–198582 A（申请日：1985 年 11 月 30 日）；

GB 2169759 A（申请日：1986 年 1 月 3 日）；

FR 2576156 A（申请日：1986 年 1 月 13 日）。

在专利分析中，通过对专利技术来源国（优先权国字段）与专利家族号（专利族国字段）的关联分析，可以获知技术来源国的市场布局策略。

专利申请人或权利人通常会将重要、有价值的专利在多个国家申请专利。一般而言，一件专利的同族专利数量越多，说明其重要性越大。

（5）德温特入藏号

德温特（Derwent）入藏号（PAN）是 Derwent 分配给收录文献的唯一识别码，由以下 3 部分组成：出版年代、6 位数的序列号、表明 Derwent 何时发表专利摘要的两位数更新号。

在 Derwent 专利数据库中，检索时可以输入完整的入藏号，或者使用通配符输入部分入藏号，可以使用布尔逻辑运算符"OR"连接多个入藏号。

专利文献与信息标准的国际标准和国内标准可查阅国家知识产权局官方网站：

国际标准：http://www.sipo.gov.cn/wxfw/zlwxxxggfw/zsyd/bzyfl/zlwxyxxbz_gjbz/index.htm；

国内标准：http://www.sipo.gov.cn/wxfw/zlwxxxggfw/zsyd/bzyfl/zlwxyxxbz_gnbz/index.htm。

1.1.6　专利的分类

专利分类是根据专利所揭示的技术内容所提供的一种简易与通用的技术分类系统。利用系统的分类架构，将发明创造依其技术主题进行组织与整理，使专利文献呈现逻辑性的架构。专利分类的出发点是让专利审查员或一般专利阅读者能够快速地找到相关专利文献。专利分类的目的还包括：有利于数据的整理、归档与组织；合理划分专利内容的技术范围；便于检索利用及作为判断相关性的依据。

（1）IPC 分类

国际专利分类（International Patent Classification，IPC）是目前世界范围内唯一通用的专利分类。国际专利分类表第一版于 1968 年 9 月 1 日公布生效，迄今为止，IPC 分类已经进入第八版，采用动态方式增加新分类。

IPC 分类所遵循的原则是将所有相同的主题分类到相同的位置，以便在同一分类位可以找到所有相同的主题。但是由于各国在进行 IPC 分类时标准不尽统一，有的分类不够细且条目过宽，IPC 分类所反映文献技术内容不够充分，加之其修订周期较长，造成其使用上的局限性。

在专利分析中，可通过 IPC 分类号对具有某特定功能、应用或技术特征的专利进行检索；也可通过 IPC 分类号对检索结果进行技术分类和热点技术分析等。

在国家知识产权局官方网站首页（http://www.sipo.gov.cn）上的"文献服务"—"专利文献信息公共服务"—"知识园地"—"标准与分类"栏目中，可以下载最新的 Word 版本的 IPC 分类表，如图 1-1 所示。

图 1-1　国家知识产权局官网 IPC 分类表

通过国家知识产权局官方网站的 IPC 分类查询版块（http://epub.sipo.gov.cn/ipc.jsp）和 SooPAT 专利搜索引擎的国际专利分类号（IPC）检索工具（http://www2.soopat.com/IPC/Index），也可以在线检索 IPC 分类号的含义。2 家网站都具有输入关键字（词）查分类号、输入分类号查含义两种查询功能，如图 1-2 和图 1-3 所示。此外，IPC 分类表的英文版在世界知识产权组织（WIPO）官方网站定期更新，输入网址 http://www.wipo.int/classifications/ipc/en，即可浏览和查询，如图 1-4 所示。

图 1-2　国家知识产权局官网 IPC 分类查询

图 1-3　SooPAT 网站 IPC 检索工具

图 1-4　WIPO 官网 IPC 分类查询

（2）MC/DC 分类

Derwent 分类（DC）是从应用性角度编制的分类体系。由于 DC 是由 Derwent 专业人员给出的，因此其专业性较强，特别是在某些领域分类更为细致。Derwent 公司将同族专利与基本专利标引为相同的 DC，避免了不同专利局对同一发明给出的 IPC 分类号不一致造成的漏检。同时，DC 可以在 EPOQUE、Dialog、STN、ISI Web of Knowledge 等多个检索系统中应用。专利局所使用的 WPI 数据库中的 DC 文献标引率在 90% 以上。

手工代码（MC）是对化学和电子电气等领域文献的等级分类和标引体系。MC 较 DC 更为精确，但 MC 和 DC 所涉及的技术领域并不完全相同，MC 也并不是对所有 DC 的进一步细分。

在专利分析中，可通过 MC/DC 分类号进行具有某特定功能、应用或技术特征的专利进行检索；也可通过 MC/DC 分类号对检索结果进行技术分类和热点技术分析等。

MC 的英文版在科睿唯安（Clarivate Analytics）公司官方网站定期更新，输入网址 https://clarivate.com/mcl，即可浏览和查询，如图 1-5 所示。

图 1-5　科睿唯安官网 MC 查询

（3）ECLA 分类

ECLA 分类是欧洲专利局（EPO）根据 IPC 分类建立起来的内部分类体系。ECLA 分类是在 IPC 分类基础上的进一步细分，对超过 100 篇的文献分类都要增加条目进行细分，由此保证了各分类号下的文献量适中，利于检索；ECLA 分类号均由 EPO 的审查员给出，分类的差异性要小于 IPC 分类；ECLA 分类号反映的内容较 IPC 分类更为准确、全面，包含了权利要求和说明书中的技术内容；ECLA 分类表每 1 ~ 2 周就会进行修订，因此对技术发展较快的领域非常适合；当 ECLA 分类号发生变化时，EPO 会将之前所有的专利文献分类重新进行修订。

（4）FI/FT 分类

FI 分类是日本专利局（JPO）基于 IPC 分类的细分类，在某些技术领域对 IPC 分类进行了扩展。FT 分类是专为计算机检索而设立的技术术语索引分类体系，从技术的多个层面，如发明目的、用途、构造、技能、材料、控制手段等进一步细分，其标引主要是基于对权利要求的分解进行的，但同时会根据说明书内容及附图内容进行分类。

（5）UCLA 分类

UCLA 分类是美国专利商标局（USPTO）内部使用的分类体系，主要是根据产业或用途、最接近功能、效果或产品、结构和多方面分类表等原则来进行分类的。应当注意的一点是，对于美国专利文献来说，由于其上的 IPC 分类号并非是审查员根据相关技术主题准确给出的，而是通过内部对照表将 UCLA 分类与 IPC 分类进行对照给出的，所以出现了美国专利文献上的 IPC 分类号不准确的现象。因此，考虑到以上特点，应避免使用 IPC 分类号对美国专利文献进行分析。

（6）CPC 分类

2010 年 10 月，EPO 和 USPTO 联合宣布合作开发联合专利分类体系（Cooperative Patent Classification，CPC）。CPC 分类于 2010 年 10 月 25 日首次公布，其按照国际分类体系 IPC 分类的标准和结构进行开发，以 ECLA 分类作为整个分类体系的基础，并结合 USPC 分类的成功实践经验，由 EPO 和 USPTO 共同管理和维护。USPTO 承诺将在 CPC 分类实施之后放弃其近 200 年历史的 USPC 分类。

中国国家知识产权局在 2013 年 6 月 4 日与 EPO 签署了谅解备忘录，自 2016 年 1 月起国家知识产权局将对所有技术领域的专利文献使用 CPC 分类。这意味着自 2016 年以后，五大知识产权局中的四个专利局（日本特许厅还没有明确表态是否会使用 CPC 分类）都将对本国 / 区域的专利文献使用统一分类体系分类，这无疑将极大促进各国审查员之间的检索、交流与借鉴，提高检索在国际上的同一性。

在专利分析中，可通过 CPC 分类号对具有某特定功能、应用或技术特征的专利进行检索；也可通过 CPC 分类号对检索结果进行技术分类和热点技术分析等。

CPC 分类号的查询方式如下：

1）EPO 网站查询方式

进入 EPO 专利查询网站（http://worldwide.espacenet.com），点击左上角列表栏的"Classification search"链接，即可查询 CPC 分类号。查询主界面如图 1-6 所示。

2）USPTO 网站查询方式

在 USPTO 官网（http://www.uspto.gov）的菜单中选择"Patents"链接，并在下拉菜单中选择"Learn about patent classifacation"，即可进入与 CPC 分类号查询相关页面（图 1-7）。在页面中部选择"Cooperative Patent Classification（CPC）"，进入"CPC scheme"可对 CPC 分类号进行浏览。

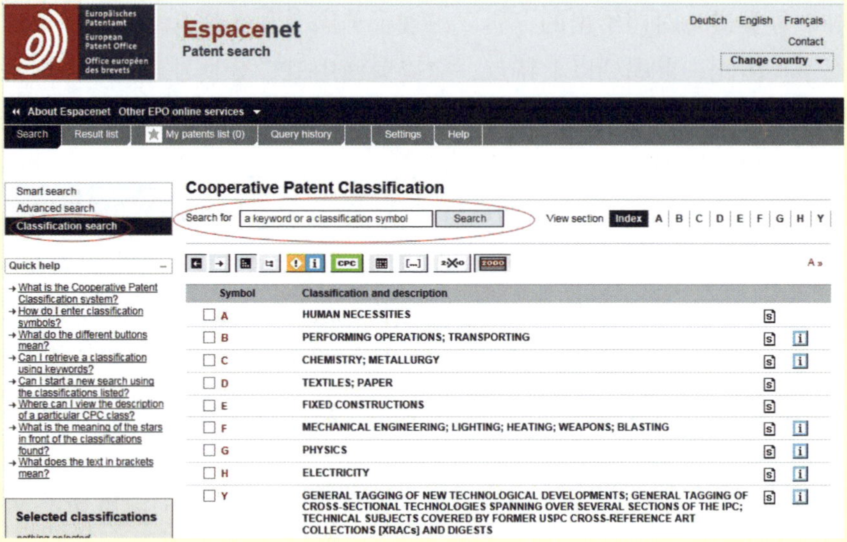

图 1-6　EPO 官网 CPC 分类号查询

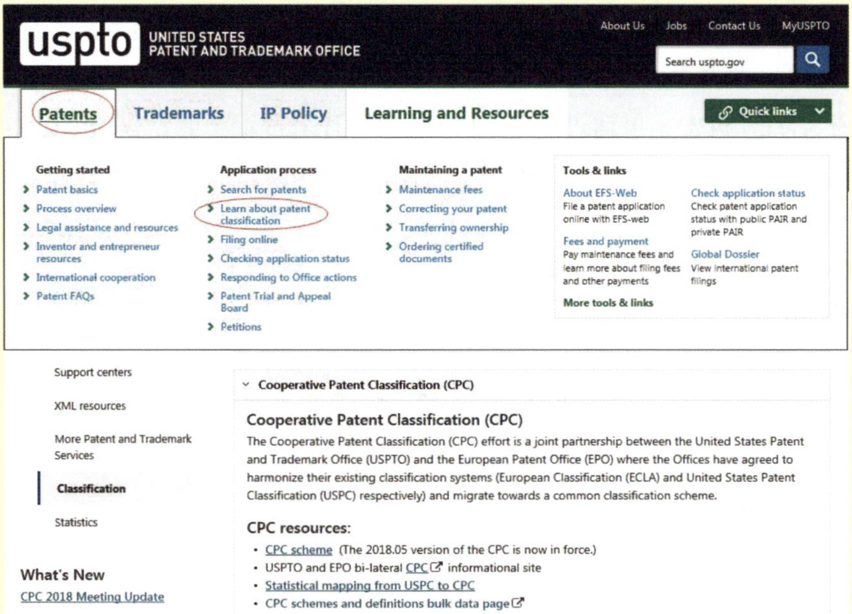

图 1-7　USPTO 官网 CPC 分类号查询

在中国国家知识产权局官方网站也可以查阅 CPC 分类系统介绍信息（图 1-8），包括 CPC 分类系统的组成、CPC 分类号的结构、CPC 分类表的版本和检索等内容，网址：http://www.sipo.gov.cn/wxfw/zlwxxxggfw/zsyd/zlwxyj/jcyj/index.htm。

图 1-8　国家知识产权局官网 CPC 分类系统介绍

1.2　专利分析简介

1.2.1　专利分析的概念及意义

专利分析是指对来自专利文献中蕴含的技术、法律和商业信息等内容，进行筛选、标引及组合，利用统计方法和数据处理手段，结合产业、技术等信息，经分析、解读形成具有较高技术与商业价值的专利情报，服务各类科技决策的过程。专利导航、专利分析评议、专利预警分析、行业专利趋势分析和产业专利分析等均是专利分析的下位概念。

专利分析面向整个创新链的全过程，服务对象涵盖政府、企业、高校、科研院所等创新主体。专利分析从法律、经济等各个层面促进创新成果的运用和扩散，从而提高创新的绩效，维系创新的可持续发展。开展专利分析工作，是有效利用专利信息、降低运营风险、防范专利权纠纷的重要手段，是有效开发和保护自主知识产权、提升竞争优势的重要途径。

1.2.2 专利分析发展历程

专利分析起源于 20 世纪 40 年代末，迄今经历了 3 个发展阶段：概念形成阶段、学术研究阶段和工具实现阶段。

Seidel 于 1949 年首次系统提出专利引文分析的概念，他指出专利引文是后继专利基于相似的科学观点而对先前专利的引证。Seidel 同时还提出了高被引专利其技术相对重要性的设想。有些专利分析方法更侧重于对专利信息内部的深层次挖掘和分析结果客观、准确的研究。如 Byungun Yoon、Yongtae Park 提出了一种把文本挖掘技术和联合分析、形态分析相结合的专利分析方法，利用专利信息发现新的、潜在的技术机会。

20 世纪 90 年代后，随着信息技术、网络技术与专利数据库的不断发展、完善，专利分析法开始真正适用并应用于企业战略与竞争分析之中，各种分析体系也开始不断建立和完善。国外许多知识产权咨询机构都定义了不同的专利分析指标，如美国摩根研究与分析协会（Mogen Research & Analysis Association）、美国知识产权咨询公司（CHI Research）、汤森路透（Thomson Reuters）等。

随着计算机的普及、信息技术和网络技术的发展，专利信息分析逐渐从手工处理过渡到计算机处理的时代。由于面对的专利数据非常庞大，各种专利分析方法往往需要依赖于专利分析工具加以实现，专利分析工具直接影响到专利信息分析的效率和准确性，为专利分析提供了极大的便利，促进了专利信息分析方法的研究和拓展应用，也促使专利分析方法向自动化、智能化、网络化和可视化方向发展，出现了各种各样的专利分析工具，如 DDA（Derwent Data Analyzer）、DI（Derwent Innovation）、PatentStrategies、Innography、PIAS、incoPat、PatSnap 和 Patentics 等。

1.2.3 专利分析方法

根据分析对象可分析的程度，专利分析方法可分为定量分析和定性分析两大类。定量分析主要是依靠统计学的方法，对专利文献固有的标引项目进行统计分析，取得专利发展态势方面的情报。定性分析则是通过阅读专利，发现专利中未进行标引的技术、市场和法律等信息，进行综合分析，得出技术动向、技术热点和空白点等情报。

根据分析方法立足点的不同，专利分析方法可分为技术分析、区域分析和市场主体分析 3 个维度。在实际操作中，这些分析方法涉及的数据和信息可能互有交互。本书涉及的专利分析主要方法如表 1-1 所示 [①]。

表 1-1　专利分析主要方法

分析对象	分析对象细分	分析项目	样本	图表类型	适用范围
技术	关键技术点、重要技术分支、全产业链	技术发展趋势	不同年代申请量的数据源	折线图、柱状图	全产业链、重要技术分支和关键技术点的分析
		技术生命周期	不同年代申请量和申请人数量的数据源	堆积图、折线图	全产业链、重要技术分支和关键技术点的分析
		主要技术构成	各种技术分支的申请量及其比例	饼图、柱状图	全产业链、重要技术分支和关键技术点的分析
		技术发展路线	不同年代引证关系的申请	树状图	重要技术分支和关键技术点的深入分析
		技术功效矩阵	不同年代的技术和功效的专利	矩阵表、气泡图	技术空白点、研发热点，规避技术雷区的分析
		核心专利技术	综合多种因素选择的申请	综合性图表	重要技术分支和关键技术点的深入分析
区域	全球、中国、新兴市场	专利布局	申请人和技术的申请量	饼图、柱状图	所有区域的分析
		重点技术发展趋势	不同年代申请量的数据源	折线图、柱状图	所有区域的分析
		重要市场主体	申请人的申请量	饼图、柱状图	重点区域的深入分析
		首次申请国	以优先权中国别统计的申请量	饼图、柱状图	重点区域的深入分析
		目标市场	以公开号中国别统计的申请量	饼图、柱状图、综合性表格	重点区域的深入分析
		新兴市场	新兴市场的专利申请	饼图、综合性表格	重点区域的深入分析
		外观	外观专利申请	综合性图表	涉及外观转入的行业专利分析

---

① 改编自：杨铁军 . 专利分析实务手册 [M]. 北京：知识产权出版社，2012：137.

续表

分析对象	分析对象细分	分析项目	样本	图表类型	适用范围
市场主体	申请人、发明人、产业共同体、产业联盟	专利布局	技术和区域的申请量	饼图、柱状图	所有市场主体的分析
		重点技术发展趋势	不同年代申请量的数据源	折线图、柱状图	所有市场主体的分析
		重点产品	涉及重点产品的申请	放射图	重要市场主体的分析
		专利优势机构	不同技术的申请量和构成	综合性表格	重要市场主体的深入分析
		研发团队分析	发明人的专利量	综合性表格	所有市场主体的分析
		技术合作	共同申请人和技术的申请量	饼图、柱状图	重要市场主体的深入分析
		技术引进	技术引进涉及的专利	综合性表格	重要市场主体的深入分析
		并购	并购涉及的专利	综合性表格	重要市场主体的深入分析
		诉讼	诉讼涉及的专利	综合性表格	重要市场主体的深入分析

第二章

专利分析常用数据库 / 工具的选择及操作实务

2.1 Derwent 专利数据库

2.1.1 数据库介绍

德温特世界专利数据库（Derwent Innovations Index，DII），由美国汤森路透（Thomson Reuters）公司于 1963 年创建，现属于科睿唯安（Clarivate Analytics）公司。DII 包括享誉全球的德温特世界专利索引（Derwent World Patents Index，DWPI）和德温特专利引文索引（Derwent Patents Citation Index，DPCI）两个部分，是世界上国际专利信息收录最全面的数据库之一。收录来自全球 48 个专利机构的超过 2000 万条基本发明专利和 4000 多万条专利情报，数据可回溯到 1963 年。DII 中，每条记录除了包含相关的同族专利信息，还包括由各个行业的技术专家重新编写的专利信息，如描述性的标题和摘要、新颖性、技术关键、优点等。

DII 的深加工数据具有很多重要特点，是现今业界最受信赖的专利研究信息来源。专利记录包含描述性的标题、用行业术语对发明的新颖性所做的概括性摘要及对重要著录项目信息的校正，其中包括校正专利权人和发明人姓名的拼写错误、优先权错误、分类代码缺失等。数百位经过专业培训的各领域专家根据 5000 多条规则，每周对 6000 条数据进行深加工，包括对数据进行规范化、标准化和校正。

DII 还采用独特的分类代码和索引系统，技术专家采用该方法对全球各大专利授权机构和所有技术领域的专利进行人工分类标引，遵循一致的分类原则，以实现准确、具有相关性的信息检索。DII 具有以下特征：

（1）引入了专利族的概念，避免大量重复专利的出现（图 2-1）

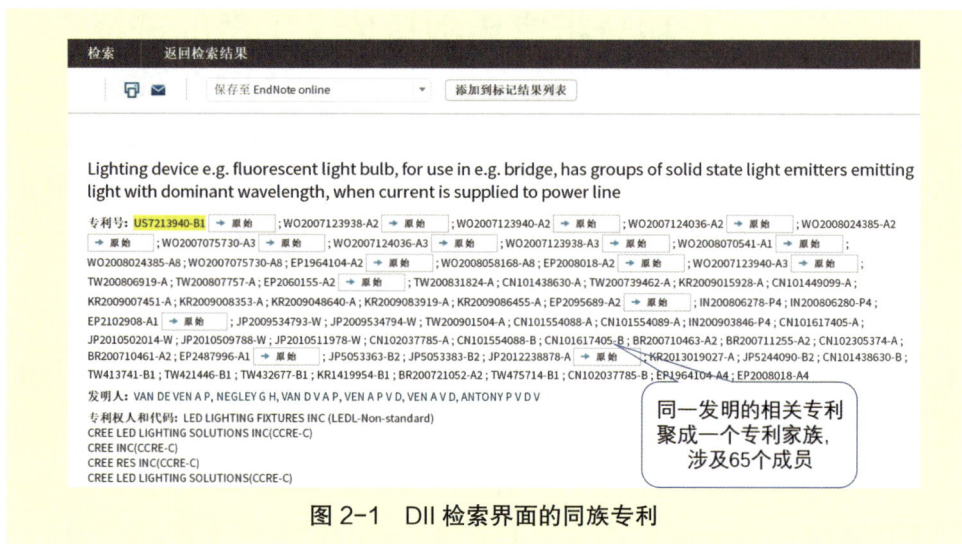

图 2-1　DII 检索界面的同族专利

（2）每条记录统一翻译成英语，克服语言障碍

收集来自 48 个专利出版组织的专利文献，统一翻译成英语，便于检索、阅读和专利分析。

与 EPO 专利库相比，DII 中的每条记录均有英文标题，86% 的记录有英文文摘。EPO 专利库中有标题的专利记录占专利总数的 50.8%（包含多种文字），有英文文摘的占 32.5%。

（3）Derwent 手工代码分类体系

Derwent 手工代码分为 CPI 手工代码和 EPI 手工代码两部分，是 Derwent 分类中化学类和电气类的进一步分级。

IPC 分类体系以功能分类和应用分类相结合，侧重功能分类，而 Derwent 手工代码是以应用性分类为基础；能够找到用检索词无法检索到的记录；Derwent 手工代码标引的一致性很高；由于侧重应用，一个技术可能复分到多个分类。

（4）标题和文摘经专业人员重新撰写

标题经改写后，增加了技术特征、应用等信息量，更像一个简短的摘要，提高了查全率，同时便于专利的阅读和筛选（表 2-1）。

例如，US7076722 B2

原始标题：

Semiconductor memory device.

Derwent 重新改写的描述性的标题：

NAND-type flash memory processes data which is read from memory cell area using error correcting check bits.

表 2-1　专利 US7076722 B2 原始摘要与 Derwent 改写摘要对比

原始摘要	Derwent 重新改写的描述性的摘要
An ECC circuit （103） is located between I/O terminals （1040-1047） and page buffers （1020-1027）. The ECC circuit （103） includes a coder configured to generate check bits （ECC） for error correcting and attach the check bits to data to be written into a plurality of memory cell areas （1010-1017）, and a decoder configured to employ the generated check bits （ECC） for error correcting the data read out from the memory cell areas （1010-1017）. The ECC circuit （103） allocates a set of 40 check bits （ECC） to an information bit length of 4224=528x8 to execute coding and decoding by parallel processing 8-bit data, where data of 528 bits is defined as a unit to be written into and read out from one memory cell area （101j）.	Novelty - A decoder in an error correction circuit, processes the data read from a memory cell area, using the error correcting check bits. The error correction circuit allocates the check bits to an information bit length of M asterisk N where N is an integer greater than or equal to 2 and M is the number of data bits to be written into and readout from the memory cell area. Use - NAND-type flash memory. Advantage - The check bits can be allocated to M asterisk N bits and the number of check bits relative to the total number of information bits is reduced, thereby improving the chip integration density.

（5）Derwent 机构代码

机构代码也叫专利权人代码（Patent Assignee Code），包括标准公司代码（Standard）、个人（Individual）和非标准公司（Non-standard）代码（图 2-2）。

Derwent 给专利量大于 1000 篇以上的大公司一个唯一的 4 位字母的标准公司代码，共 21 000 家；机构代码定期更新；标准公司代码有助于查全和查准；标准公司代码是竞争对手专利分析的理想字段，无须复杂的数据清理。

注意：个人和非标准公司代码并非一对一，不适用于涉及专利权人数量统计相关的专利分析，如技术生命周期图。

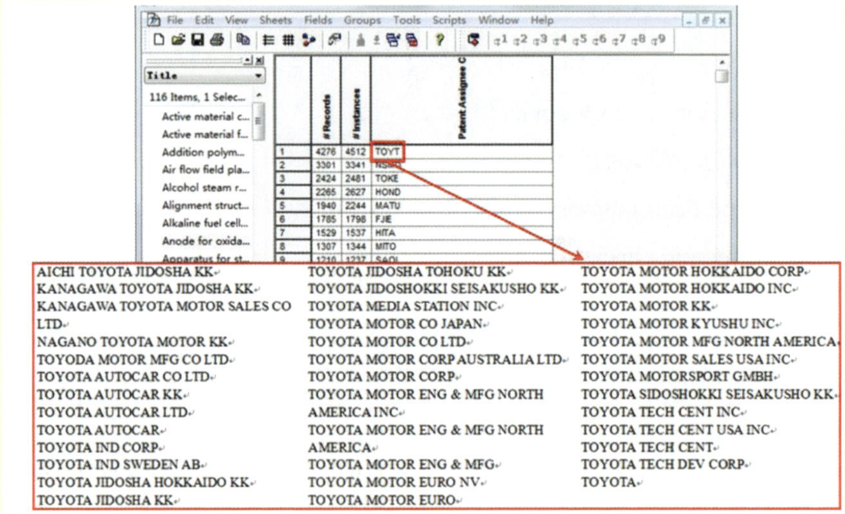

图 2-2　Derwent 机构代码

2.1.2　检索途径和方法

DII 检索途径包括基本检索（General Search）、高级检索（Advanced Search）、被引专利检索（Cited Patent Search）、化学结构检索（Compound Search）。

（1）基本检索

基本检索包括主题（Topic）、标题（Title）、专利权人（Assignee）、发明人（Inventor）、专利号（Patent Number）、国际专利分类号（International Patent Classification）、德温特分类代码（Derwent Class Code）、德温特手工代码（Derwent Manual Code）、专利入藏登记号（Derwent Primary Accession Number）、环系索引号（Ring Index Number）、德温特化合物号（Derwent Compound Number）、德温特登记号（Derwent Registry Number）等检索字段。各个检索字段之间可以选择"与""或""非"（AND、OR、NOT）逻辑运算关系。如果页面上默认的 3 个检索字段不足以完成检索式，还可以单击"Add

Another Field"增加检索字段进行检索。用户还可以选择感兴趣的学科领域和希望检索的时间段。

（2）高级检索

高级检索：适合熟练使用者使用，利用检索界面右侧给出的字段标识符构成复杂的检索式。高级检索的检索式由一个或多个字段标识及一个检索字符串组成，可以使用布尔逻辑运算符和通配符（图2-3）。

检索式组配检索规则如下：

①在每个检索式编号前输入数字符号"#"。

②在检索式组配中可以使用的布尔逻辑运算符"AND""OR""NOT"。

③不要在检索式组配中使用通配符。

④使用括号可以改写运算符优先级。

例如，检索农业装备自动导航技术的检索式如下：

（（TS=（agricultur* or crop or farm） OR MAN=（X25-N* or X22-X11 or X22-P09 or Q19-G or T06-D01* or A12-W04* or X25-X02*） OR IP=（A01B* or A01C* or A01D* or A01F* or A01G* or A01M-021*）） AND（MAN=（S02-B08* or W06-B01B1* or X22-E06* or S02-B10* or S02-B11* or W01-C01P7 or T07-A05C* or T01-J21* or T07-A05C* or W06-A*） OR IP=（G01C-021*））） NOT MAN=（X25-N02* or T06-D01C*）。

图2-3　DII高级检索

此外，不仅可以采用布尔逻辑运算符对不同字段进行组合检索，而且可以采用布尔逻辑运算符对不同检索式进行组合检索，如图2-4中检索式#3、#5和#6所示。

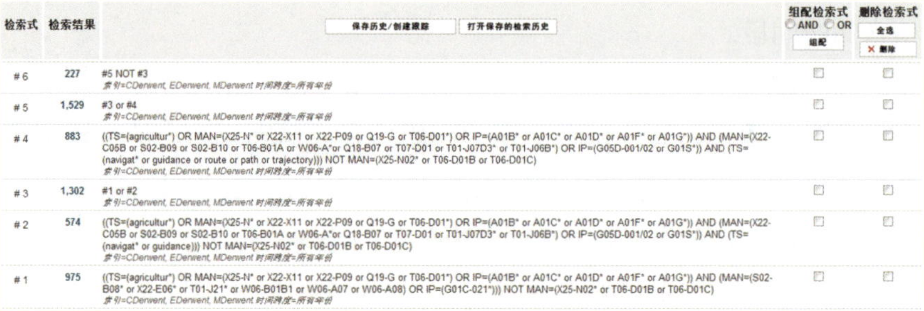

图 2-4　DII 历史组合检索

（3）被引专利检索

通常而言，专利技术研发都是在借鉴前人研究的基础上进行的，因此需要在专利文献中提及前人所发表的文献，即参考文献或引证文献。

被引专利检索：许多专利发明人在提交专利申请说明书时，会列出自己发明过程中所参考过的论文及已有专利；同时，有的专利授予机构的专利审核员也会列出自己审核某一项专利授予权过程中所参考过的文献及已有专利。DII 中会有专门的链接，显示这些有关某一项专利的参考文献及参考专利情况（来自发明者和专利审核员的）。同时，DII 中还会有被引专利的链接，显示某一项专利自诞生以来，被哪些专利引用过，借助专利与专利间，以及专利与论文间的引用与被引用关系，可以揭示出一项专利的理论、技术起源。并且利用被引专利的链接，可以迅速追踪到一项技术自诞生以来最新的进展情况，技术是否从这篇专利所有人那里流失，即别人在上面做了很多开发、改进；后来人是否有授权可能性；技术走向，这时可以参考 IPC、MC、DC 等。被引专利检索不仅仅提供资料信息，更重要的是提供研究的思路：将过去、现在以至将来的相关文献信息连接起来；"越查越新"和"越查越旧"将不同学科、不同领域的相关研究连接起来，寻找"科学发展的生长点"和"知识创新"，研究人员由此可以发现许多过去不知道而却非常重要的信息，从而产生许多新的创见与发现。

在专利的引文中进行检索，可供检索的字段包括：被引专利号（Cited Patent Number）、被引专利权属人（Cited Assignee）、被引专利发明人（Cited Inventor）、被引专利德温特入藏号（Cited Derwent Primary Accession

Number）。

（4）化学结构检索

化学结构检索：在"Structure Details"区域点击鼠标右键，选择"Transfer to ISIS/Draw"，就可以利用下载的绘图软件绘制结构图，并且能指定所画出的化学结构与化合物的关系或相似性。还可以进行如下文本检索和化学结构检索组合检索：化合物名称（Compound Name）、物质描述词（Substance Descriptor）、结构描述词（Structure Description）、标准分子式（Standardized Molecular Formula）、分子式（Molecular Formula）、分子量（Molecular Weight）、德温特化学资源号（Derwent Chemistry Resource Number）。

化学结构检索路径如下：

"选择数据库"列表中选择"Web of Science核心合集"，点击"更多"，选择"化学结构检索"（图2-5）。初次使用需根据浏览器提示在化学结构绘图区安装绘图控件。

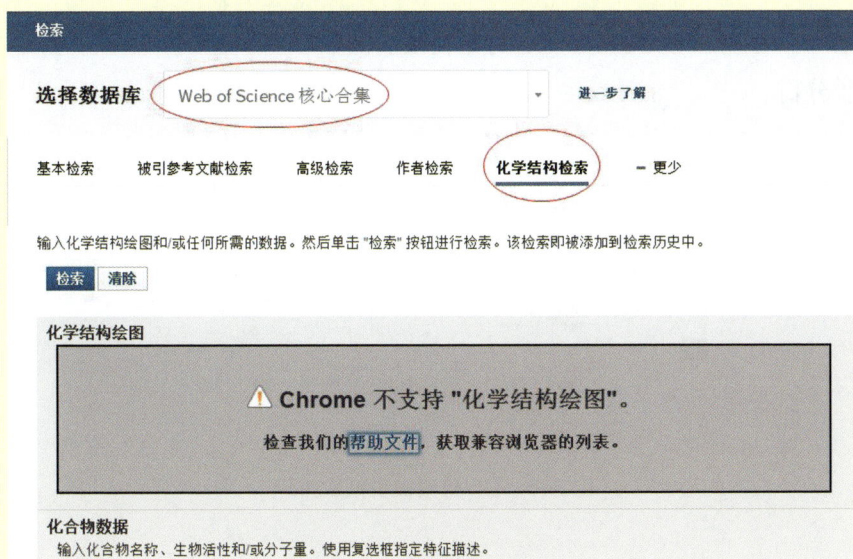

图2-5　化学结构检索路径

2.1.3 检索结果处理

（1）精炼检索结果

精炼检索结果（Refine Your Search）可对 100 000 条以内的记录从以下角度进行结果提炼：专利权人、专利权人代码、发明人、国际专利分类号、德温特分类代码、德温特手工代码。例如，想知道手工代码为 X22-E06 的专利都集中在什么公司？检索手工代码为 X22-E06，根据自己的需要，点击"精炼"下面的专利权人字段，就可以非常清晰地了解自己需要的文献，可以看到NIPPONDENSO CO LTD 公司的这个方面的专利最多。

（2）排序

排序可对 100 000 条以内的记录从以下角度进行结果排序：更新日期、发明人、出版日期、专利权人名称、专利权人代码、被引频次和德温特分类代码，方便读者从不同的角度对检索结果进行详细浏览（图 2-6）。例如，想知道手工代码为 X22-E06 被引用最多的专利是哪些？检索手工代码为 X22-E06，然后选择"排序方式"中的"被引频次"，就可以按照被引频次进行排列，排列结果显示专利号为 WO9304453-A1 的专利被引次数最多，达到 476 次，然后可以进一步分析。

图 2-6 DII 检索被引频次排序

（3）分析检索结果

真正的检索是为工作、学习、研究提供有效服务，对检索出的文献进行深入分析，以获取有效信息，促进科研工作的开展，一直是人们关注的问题。DII 中的分析检索结果（Analyse Result）就提供了这样的一个平台。在检索结果界面点击"分析检索结果",可对 100 000 条以内的记录从以下角度进行结果分析:专利权人名称、专利权人代码、发明人、国际专利分类号、德温特分类代码、德温特手工代码等。点击"将分析数据保存到文件"后,可以把分析结果保存在相应的文件里,以便今后进行更为详细的分析。

(4)检索历史

在检索历史(Search History)界面,可利用检索结果的序号组配完成更复杂的检索操作,可保存检索历史并创建邮件定题服务。

(5)输出结果

在检索结果页面,可以在专利号前的选择框中标记该记录,也可以点击页面上的"选择页面",标记该页面上的所有记录,然后点击"添加到标记结果列表";或者也可以不标记,直接点击"添加到标记结果列表",选择添加"页面上的所有记录"或"记录 ××× 至 ×××"。若要删除标记记录,在简单记录页面,可以在选择框中去除标记,或者在"标记结果列表"页面,点击专利号前的"删除"或直接选择页面最上方的"清除"。

在"标记结果列表"页面,可以选择输出字段及输出方式。系统默认的输出字段有专利号、标题、发明人、专利权人 4 个字段,其他字段如专利号、德温特分类代码、被引专利、摘要等,用户可根据需要自己选择。在专利分析中,如无特别需要,可选择专利号、标题、发明人、专利权人、德温特分类代码、指定州 / 国家 / 地区、优先权申请信息、Derwent 主入藏号、专利详细信息、德温特手工代码、申请详细信息、IPC 等字段输出(图 2-7)。

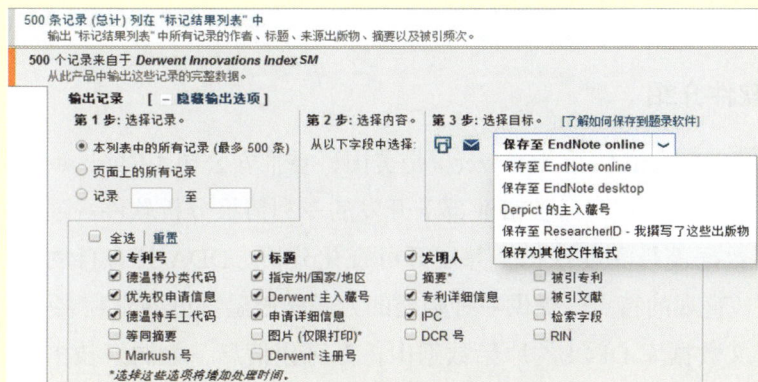

图 2-7　DII 检索结果输出字段选择

输出时，可选择"将所选记录设置为可供打印的格式""通过电子邮件发送所选记录"，还可"保存至 EndNote online""保存至 EndNote desktop"、发送"Derpict 的主入藏号""保存至 ResearcherID""保存为其他文件格式"（图 2-7），其他文件格式包括 HTML、纯文本、制表符分隔等（图 2-8）。为了下一步的专利分析需要，如将专利数据导入 DDA 软件，在这里一般选择保存为纯文本格式输出，需要注意的是，DII 数据库中，一次只能输出 500 个专利记录。

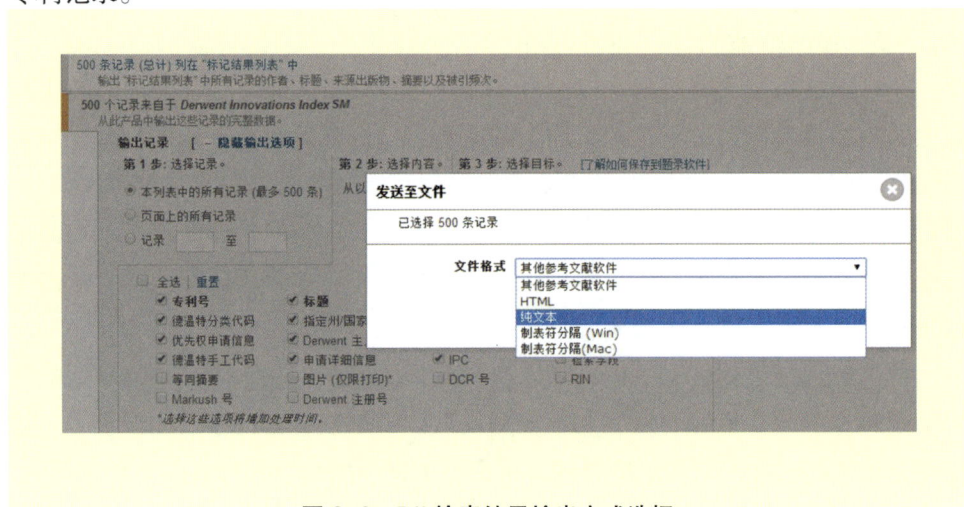

图 2-8　DII 检索结果输出方式选择

2.2　DDA 专利分析工具

2.2.1　软件介绍

DDA（Derwent Data Analyzer）是美国科睿唯安公司（Clarivate Analytics，原汤森路透知识产权与科技事业部）开发的专利情报分析软件。通过该软件可以对专利数据进行深度挖掘，并展开可视化分析。DDA 具有自动化程度高、界面友好、直观的特点，提供一种轻松的方法从德温特世界专利索引（DWPI）和专利引文数据库 DPCI 的原始数据中挖掘有用信息，为洞察技术发展趋势、掌握竞争对手的专利发展情况、找出多产的专利发明人及其供职的公司、发现行业近年新出现的技术、确定研究战略和发展方向等方面提供有价值的依据。

DDA 的主要功能包括数据导入（Import）、数据管理（Manage）、数据清理（Clean）、数据分析（Analyze）、生成报告（Report）等。

本书以 DDA 英文版为例，介绍软件使用和操作方法。为方便读者了解软件各功能按键含义，使用 DDA 中文版软件时也可以熟练掌握操作技巧，本书列举了 DDA 软件常用操作词汇中英文对照表，如表 2–2 所示。

表 2–2　DDA 软件常用操作词汇中英文对照

DDA 词汇	中文释义	DDA 词汇	中文释义
Field	字段	List	列表分析
Merge Field	合并字段	Matrix	矩阵分析
Thesaurus	叙词表	Co-occurrence Matrix	共现矩阵
List Cleanup	列表清理	Auto-Correlation Matrix	自相关矩阵
Cleanup Confirm	清理确认	Cross-Correlation Matrix	互相关矩阵
All Items	全部项	Matrix Viewer	矩阵视图
Combined Items	已合并项	Map	地图分析
Group	组	Factor Map	因子图谱
Tool	工具	Aduna Cluster Map	Aduna 聚类地图
Scripts	脚本	Word Cloud	词云
Data Fusion	数据融合	Combine Duplicate Records	合并重复记录
Record Fusion	记录融合	Remove Duplicate Records	删除重复记录
Records	记录数量	Instances	频次

2.2.2　数据导入

DDA 支持多数据来源导入，内设多个数据库格式的数据导入过滤器，科睿唯安的高质量科技信息数据可以直接导入到 DDA 进行分析，其他常用科技信息数据也可直接导入（图 2–9）。

DDA 兼容数据包括：

①来自科睿唯安 Derwent Innovation 平台的所有数据，包括 DWPI；

②来自科睿唯安 Web of Science 平台的所有数据，包括 DII、Web of Science

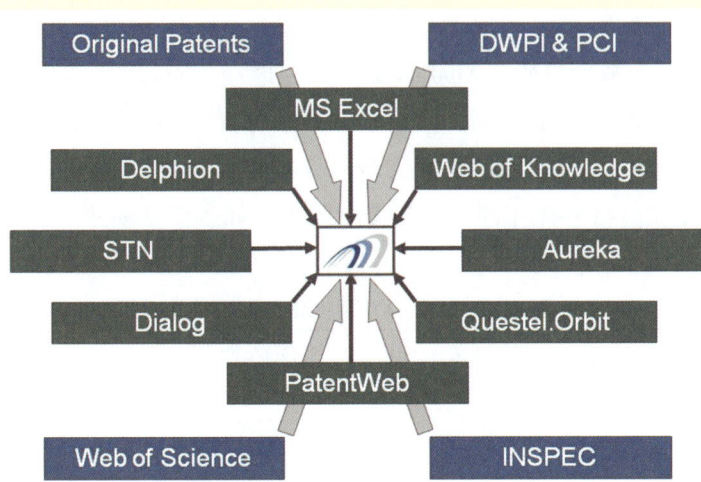

图 2-9　DDA 支持导入的数据源

核心合集和 INSPEC 等；

　　③其他可分析的数据，如 Dialog、STN、PubMed 等平台的数据；用户可利用 Import Filter Editor 编写个性化的数据导入过滤器；可直接导入 Excel 和 Access 格式的数据进行分析。

　　DDA 可对导入的数据进行结构化管理，包括字段设计、更名、增删；对不同来源数据集的合并和去重。

　　本节展示 DDA 中的数据导入操作。首先在"File"的下拉菜单中选择"Import Raw Data File"（图 2-10），然后在弹出的向导窗口中点击"Select Files"，选择农业机器人相关专利数据的文本文档，点击"打开"及"Next"，接下来根据专利数据来源选择数据的过滤器。一般来说，专利数据主要来自 DII 或者 Derwent Innovation，对于来自 DII 的专利数据，过滤器选择"WoK-DII"，对于来自 Derwent Innovation 的专利数据，过滤器选择"Derwent Innovation-Patents [DDA formats]"，过滤器选择好之后，点击"Next"。接下来选择导入的字段，通常可选择默认字段，但是如果有特别需求，可以勾选下方的"Show Secondary Fields"，进一步选择其他所需字段，选择好字段后，点击"Finish"（图 2-11），就可完成专利数据的导入工作。

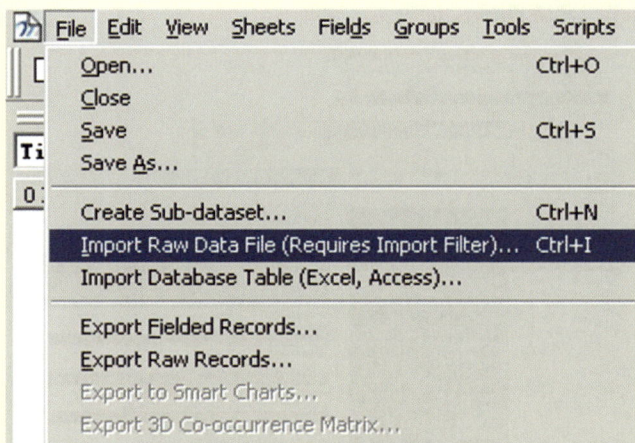

图 2-10　DDA 数据导入

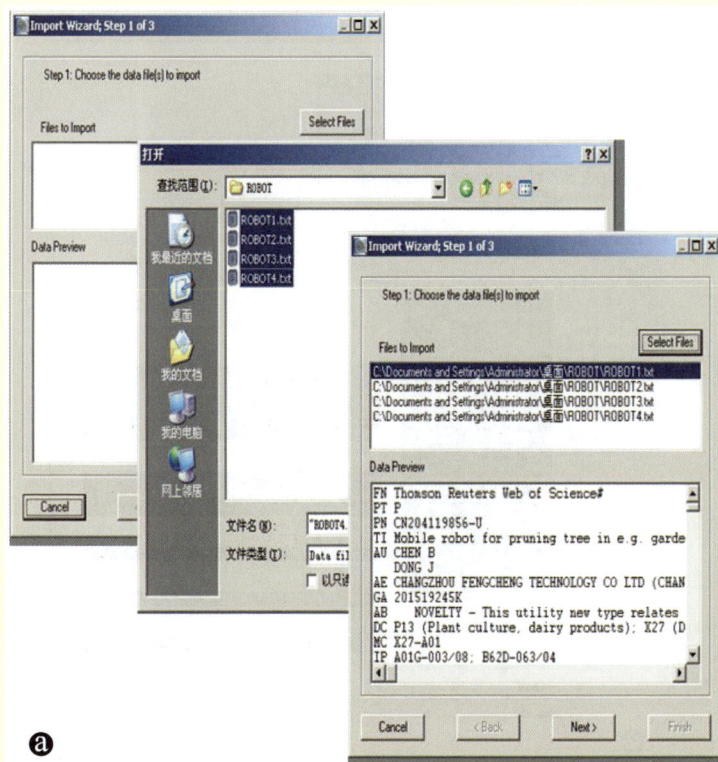

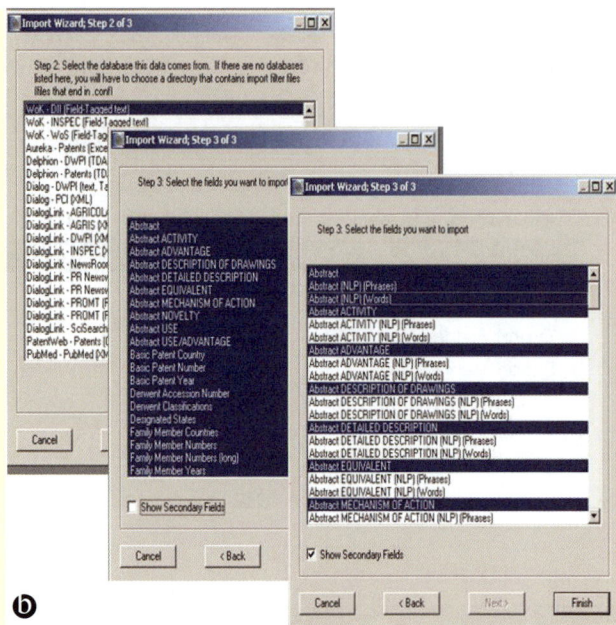

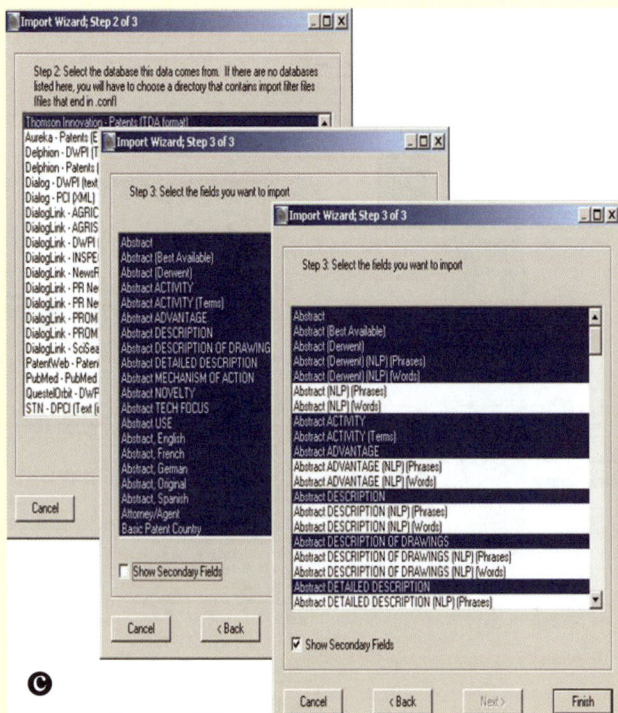

图 2-11　DDA 数据导入操作流程

图 2–12 为专利数据导入完成之后所得的基本专利信息界面，列出了主要的字段。之后的专利分析工作就在这个基础上完成。值得注意的是，从 DII 或 Derwent Innovation 下载的专利数据均是基于专利家族的，因此，图 2–12 中的“1779”表示农业机器人领域有 1779 项专利家族。

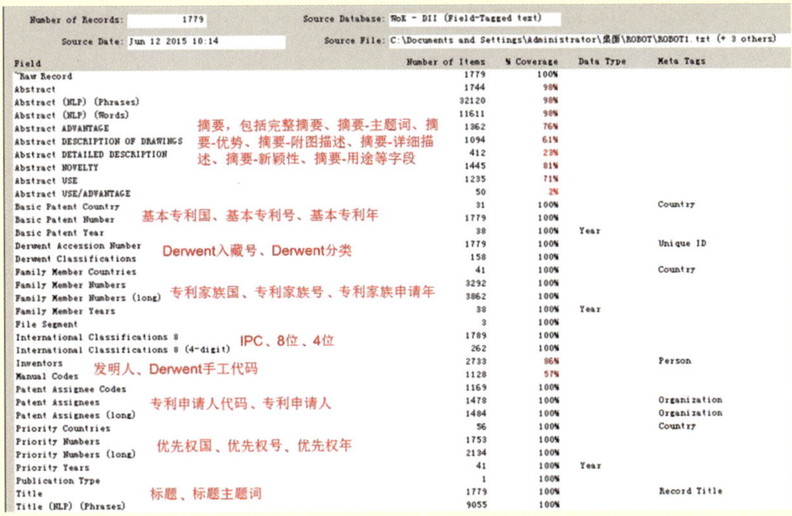

Number of Records: 1779　　Source Database: WoK - DII (Field-Tagged text)

Source Date: Jun 12 2015 10:14　　Source File: C:\Documents and Settings\Administrator\桌面\ROBOT\ROBOT1.txt (+ 3 others)

Field	Number of Items	% Coverage	Data Type	Meta Tags
~Raw Record	1779	100%		
Abstract	1744	98%		
Abstract (NLP) (Phrases)	32120	98%		
Abstract (NLP) (Words)	11611	98%		
Abstract ADVANTAGE	1362	76%		
Abstract DESCRIPTION OF DRAWINGS	1094	61%		
Abstract DETAILED DESCRIPTION	412	23%		
Abstract NOVELTY	1445	81%		
Abstract USE	1235	71%		
Abstract USE/ADVANTAGE	50	2%		
Basic Patent Country	31	100%		Country
Basic Patent Number	1779	100%		
Basic Patent Year	38	100%	Year	
Derwent Accession Number	1779	100%		Unique ID
Derwent Classifications	158	100%		
Family Member Countries	41	100%		Country
Family Member Numbers	3292	100%		
Family Member Numbers (long)	3862	100%		
Family Member Years	38	100%	Year	
File Segment	3	100%		
International Classifications 8	1789	100%		
International Classifications 8 (4-digit)	262	100%		
Inventors	2733	86%		Person
Manual Codes	1128	57%		
Patent Assignee Codes	1169	100%		
Patent Assignees	1478	100%		Organization
Patent Assignees (long)	1484	100%		Organization
Priority Countries	56	100%		Country
Priority Numbers	1753	100%		
Priority Numbers (long)	2134	100%		
Priority Years	41	100%	Year	
Publication Type	1	100%		
Title	1779	100%		Record Title
Title (NLP) (Phrases)	9055	100%		

图 2–12　DDA 数据导入后的基本专利信息

图 2–12 中每个字段后的“%Coverage”表示覆盖度，由于一项专利不一定具有所有字段信息，所以不同字段的覆盖度不同。例如，“Manual Codes”（MC，手工代码）的覆盖度仅有 57%，说明还有 43% 的专利没有 MC 信息，因此根据专利分类号做技术分析时，MC 的代表性不够充分时，可以采用 IPC 或 MC 与 IPC、CPC 结合分析。

2.2.3　数据管理

DDA 中，数据管理包括字段管理（Field Manage）、数据融合（Data Fusion）、记录融合（Record Fusion）、组合重复记录（Combine Duplicate Records）和删除重复记录（Remove Duplicate Records）。

（1）字段管理

字段管理包括重命名（Rename Field）、复制（Copy Field）、删除（Delete

Field）、合并（Merge Field），通过"Fields"的下拉菜单选择（图2-13）。例如，可将摘要（Abstract）字段和标题（Title）字段合并。

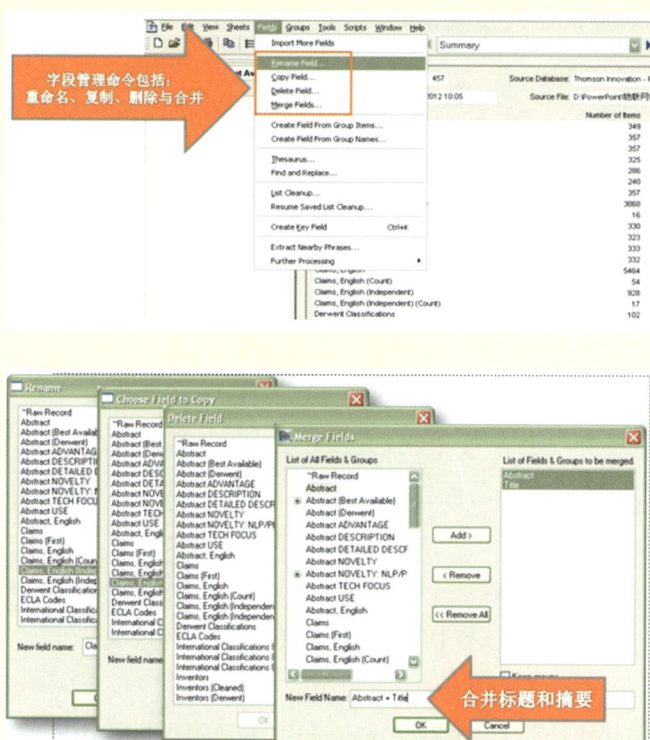

图 2-13　DDA 字段管理操作

　　数据融合、记录融合、合并重复记录、删除重复记录等可通过"Tools"的下拉菜单选择（图2-14）。

　　（2）数据融合

　　数据融合是合并两个集合生成第三个集合，第三个集合是两个原始集合全部字段的合集，适用于合并不相似的数据（图2-15）。例如，可合并科技文献和专利用于分析论文作者和发明人。

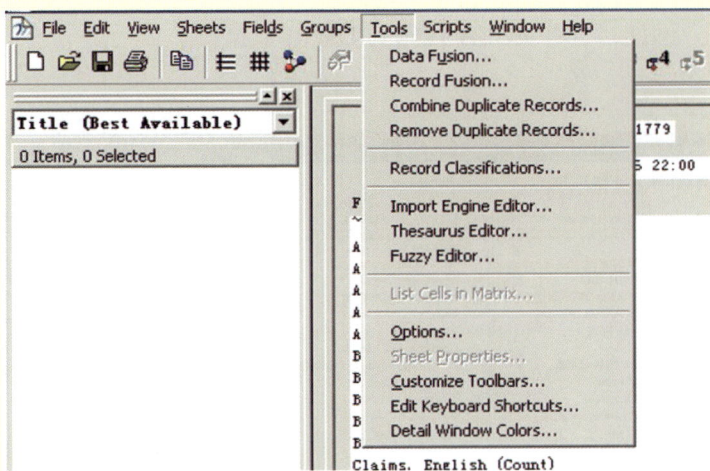

图 2-14　"Tools"菜单下数据融合等操作

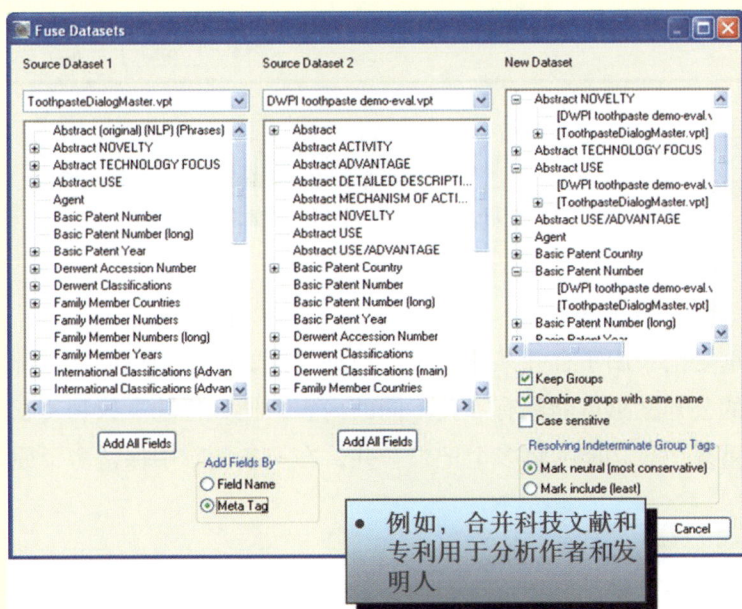

图 2-15　DDA 数据融合操作

（3）记录融合

记录融合是根据用户自定义的规则来合并不同数据集合，一个为主数据集合，另一个为从属数据集合，合并后的数据集合与主数据集合的记录数量相同（图 2-16）。例如，合并 ECLA 代码到 DWPI 数据。

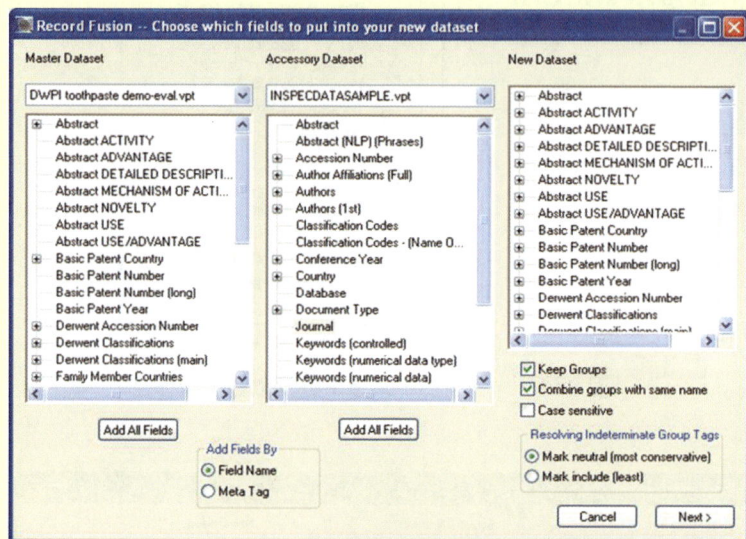

图 2-16　DDA 记录融合操作

（4）合并重复记录

合并重复记录用于合并某些字段中数据相同的记录。例如，来源不同但是内容相同的公开文献可能具有一些不同的内容，比如标题、权利要求等。可以使用合并重复记录功能，将多个记录合并，在一条记录中保留多个原始记录的内容。

（5）删除重复记录

删除重复记录用于数据的去重。在专利分析中，一般采用 DII 专利的唯一标识码——Derwent 入藏号（Derwent Accession Number）进行去重，删除重复记录功能仅保留 Derwent 入藏号相同的多个专利记录中的一条记录，其他记录的内容将从数据集合中删除（图 2-17）。

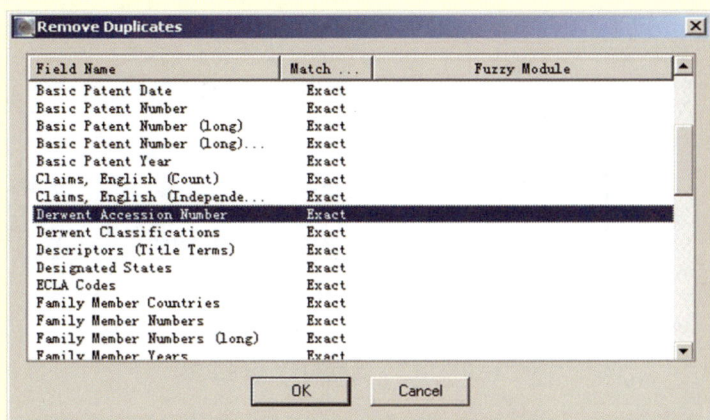

图 2-17　DDA 删除重复记录操作

2.2.4　数据清理 / 数据结构化

不同来源的数据存在分类和标引的差异，如数据拼写错误和单复数变化、个人姓名和机构名称的不同简写方式、公司并购重组引起的数据修订需要、关键词标引时选用的近义词和同义词等。如果不进行清理，可能会导致错误的分析，进而对决策产生误导。高质量的数据分析结果首先取决于数据的准确性与完整性：让数据的差异性最小，尽量减少词汇的拼写差异或者同义词等。

DDA 数据清理 / 数据结构化的方法如下：

① List Cleanup，机器辅助识别并聚类相似的术语；

② Thesaurus，按照规则识别并聚类类似的术语；

③ Groups，在一个字段中标记类似的术语，同时可保留条目细节；

④ Classifications，手工将记录分类到用户制定的分类中。

DDA 的数据自动清理工具按钮如图 2-18 所示，点击后可运行预制的清理数据脚本规范数据，生成 Assignee（Cleaned）、Inventor（Cleaned）、IPC（Cleaned）、Derwent Classification（Cleaned）等字段。

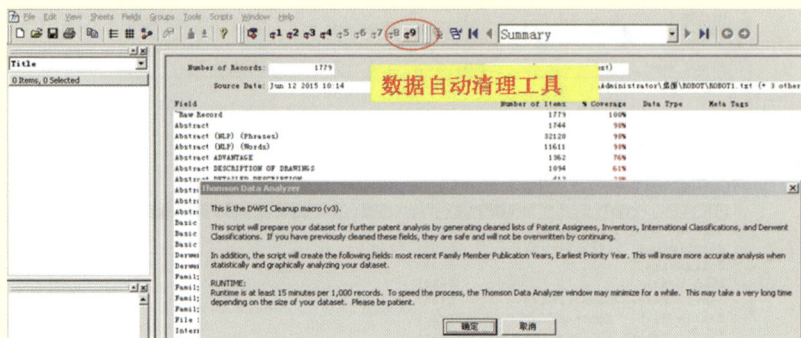

图 2-18　DDA 数据自动清理工具

（1）List Cleanup（列表清理）

DDA 可以将同义词 / 等同词等加以区分。当使用"List Cleanup"（列表清理）工具时，可使用文件名后缀为 .fuz 的文件对数据进行清理。最常用的模糊匹配文献包括：机构（Affiliation）可用于公司 / 机构字段，忽略常用的机构标志词（如 Corp、AG、KK、Ltd）；作者（Author）用于作者字段；发明人（Inventor）用于发明人字段；一般（General）可用于所有的文本字段。

在"Fields"的下拉菜单中选择"List Cleanup"，进行数据清理（图 2-19）。例如，对专利申请人（专利权人）进行清理。在弹出的"List Cleanup"窗口中选择"Patent Assignees"或"Patent Assignees（long）"，双击"Organization

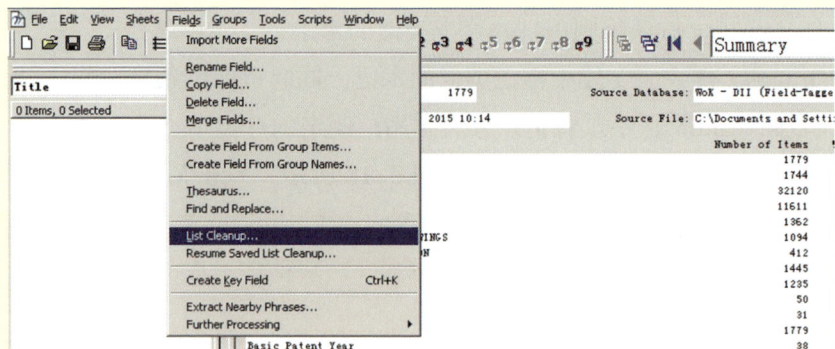

图 2-19　"List Cleanup"指令

Names.fuz""Organization Names（strict）.fuz"或"Organization Names（ignore dept）.fuz"，DDA 会对专利申请人（专利权人）进行初步的自动归并（图2-20）。

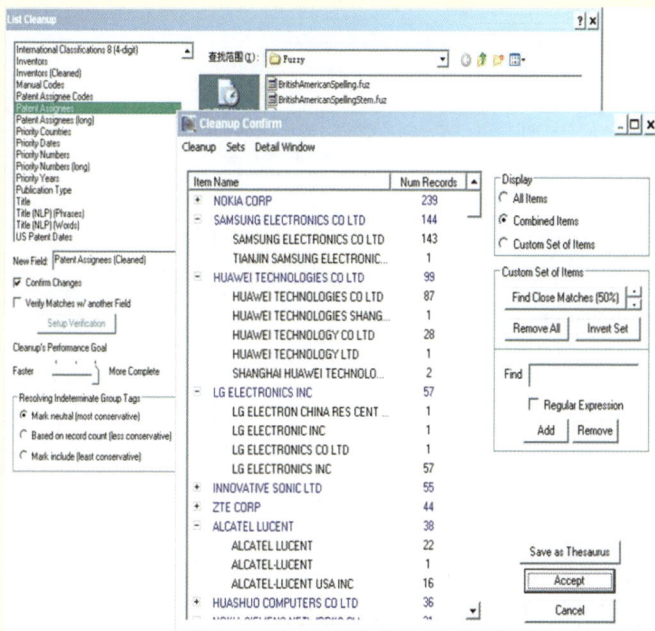

图 2-20　"List Cleanup" 操作

但是，DDA 的自动归并不一定准确，我们需要手动进行调整。如果要将两个专利申请人（专利权人）合并在一起，那么只需将其中一个专利申请人（专利权人）的光标拖动，放在另一个专利申请人（专利权人）上即可（图2-21）。需要注意的是，默认显示窗口是"Combined Items"，只显示 DDA 自动进行归并的一些记录，但是在这些记录之外，仍存在一些需要归并的专利申请人（专利权人），所以在手动清理时，显示窗口需要调整为"All Items"。

手工清理后的数据，均可保存为叙词表（Save as Thesaurus），供再次利用，也可以建立和维护自己或本单位专有的叙词表，以自动对特定种类数据进行清理。

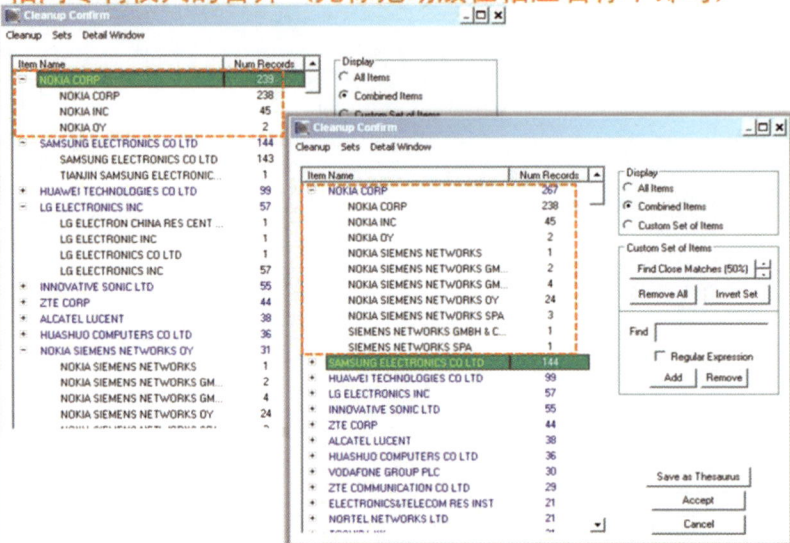

图 2-21　"List Cleanup"操作时的手工清理（机构清理）

　　如果觉得DDA自动归并的不对，如图2-22中"LI H"下包含"LI、LI G、LI H、LI L、LI N、LI S"，显然"LI、LI G、LI L、LI N、LI S"与"LI H"完全不同，需要将其从"LI H"记录中移除。那么可以选中数据点击右键，然后选择"Remove Term from Grouping"；当然也可以选中数据后点击键盘上的"Delete"键。

　　在手动清理时，还可以将实时清理结果保存（Save Session to Finish Later），见图2-23；以后可随时调用并恢复清理（Resume Saved List Cleanup），见图2-24。

　　清理完成后，可以将清理结果保存为叙词表（Save as Thesaurus），用于今后数据的清理（图2-25和图2-26）。

　　（2）Thesaurus（叙词表）

　　在数据清理中，可以对一张数据列表利用叙词进行清理，可以自己编辑叙词表，也可以手工拖拽生成叙词表（图2-27）。当在"Cleanup Confirm"对话框内点击"Save as Thesaurus"或者利用"Groups"创建叙词后（Menu item Groups and Create Thesaurus using Groups），再选择已存在的叙词文件（*.the），就可以将叙词表合并到一个已有的叙词表里（图2-28）。

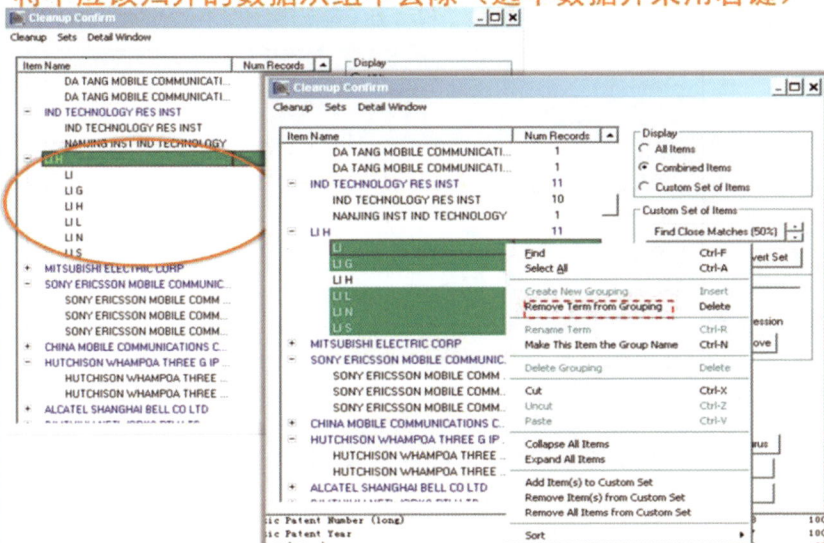

图 2-22 "List Cleanup"操作时的手工清理（个人清理）

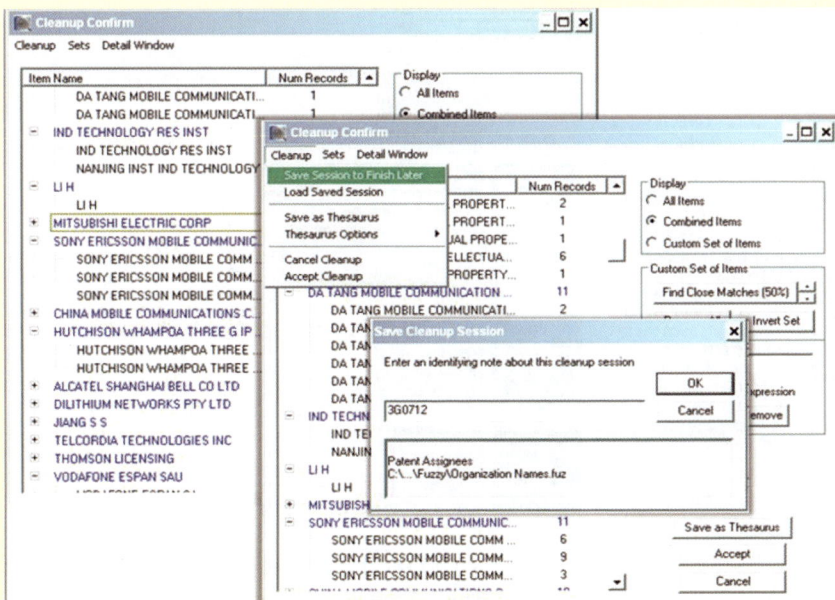

图 2-23 "List Cleanup"清理结果保存

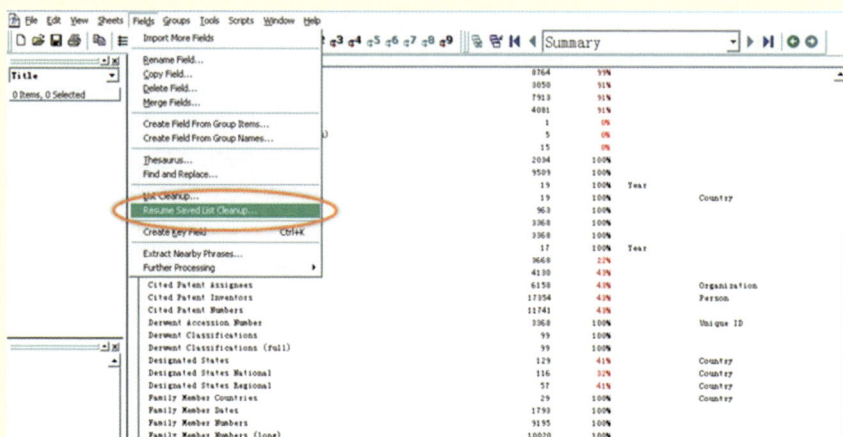

图 2-24　"List Cleanup" 恢复继续清理操作

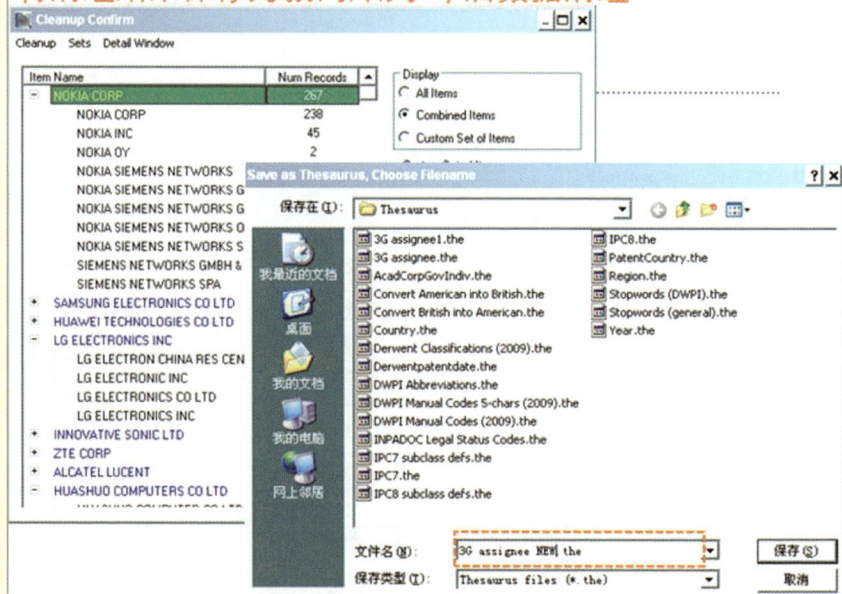

图 2-25　清理结果保存叙词表操作

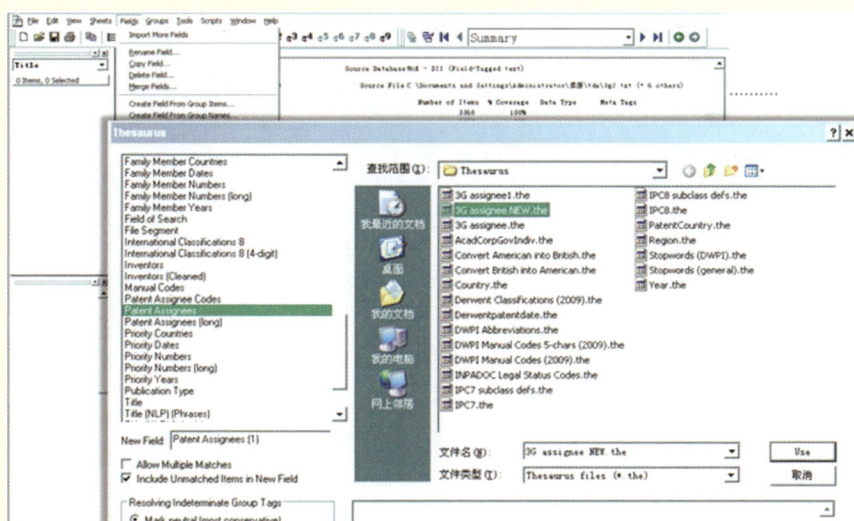

图 2-26　叙词表清理数据

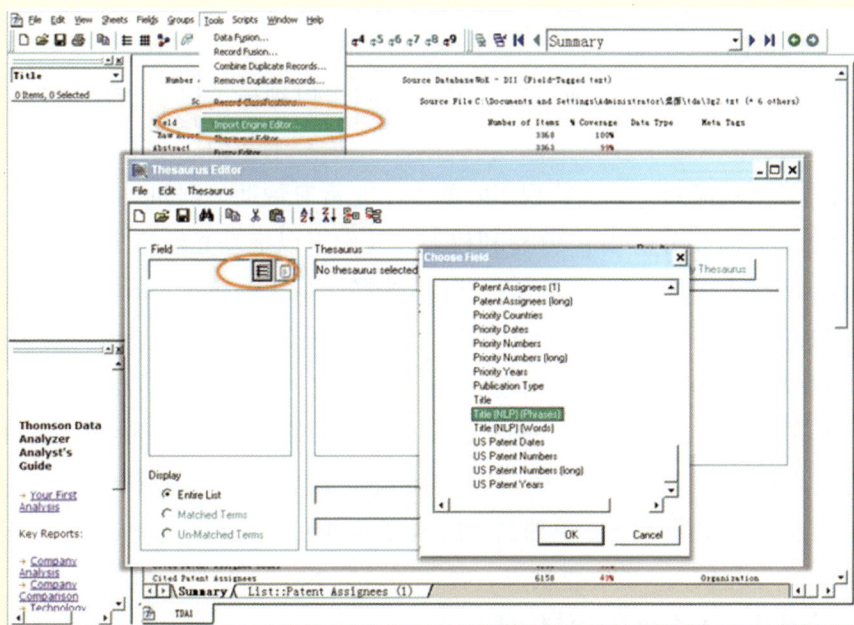

图 2-27　叙词表编辑

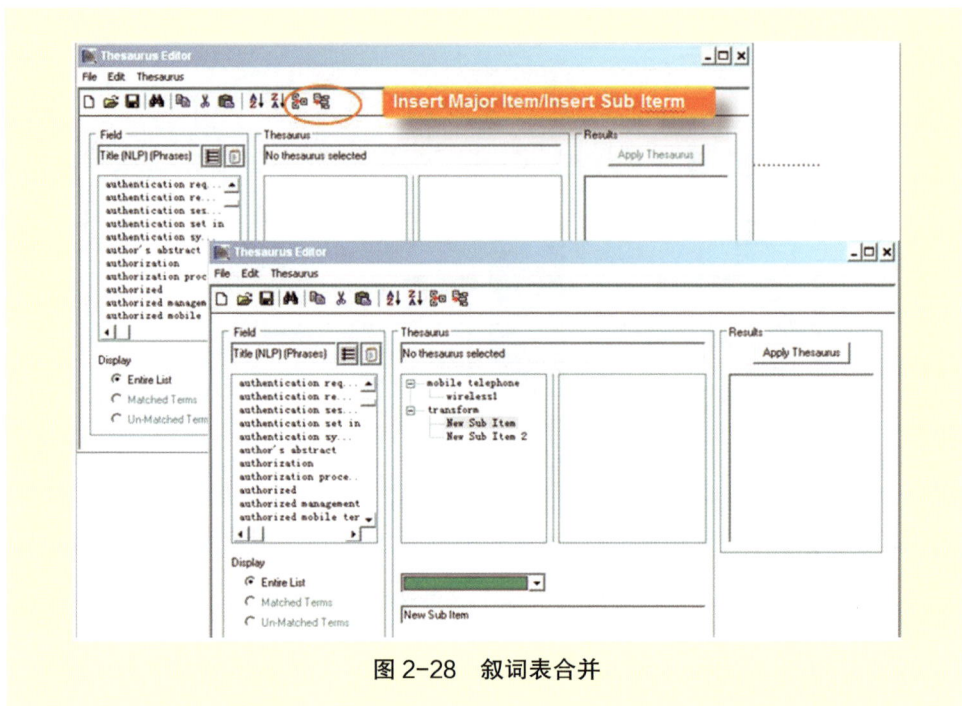

图 2-28　叙词表合并

（3）Groups（组）

在"Groups"功能中，数据列表中的项目可以被标记到一个集合或一个组之中，或者将数据集合中的数据提取出来，形成一个新的数据集合，并对其加以定义。分组功能对于减少共现矩阵的大小非常有帮助。例如，在分析专利权人时，如果只需要分析 Top 30 专利权人，我们可以拖动光标将 Top 30 专利申请人（专利权人）选中，点击右键，然后选择"Add Selection to Groups"，就会形成 Top 30 专利申请人（专利权人）的组（图 2-29）。如果需要对 Top 30 专利申请人（专利权人）进行单独分析，可以选择该组，然后点击"Fields"下拉菜单中的"Create Field From Group Items"或"Create Field From Group Names"形成相应字段。前者相当于把 Top 30 专利申请人（专利权人）从总的专利申请人（专利权人）中单独摘录出来，里面包含 Top 30 专利权人中每个专利申请人（专利权人）的完整信息，后者则是把 Top 30 专利申请人（专利权人）变为一个整体，不再包含个体信息。

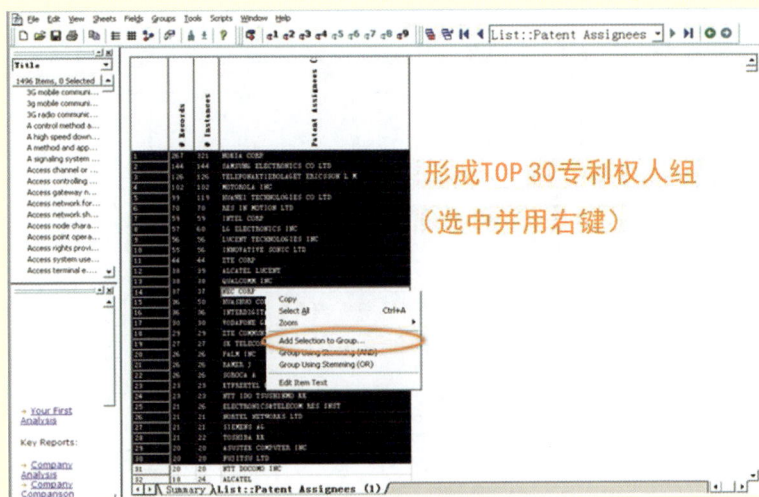

图 2-29　组创建操作

再如图 2-30，还可以点击"Groups"下拉窗口中的"Edit Groups"（图 2-30），手动创建不同分组，如不同国别，对不同专利申请人（专利权人）进行国别的标引（图 2-31）。

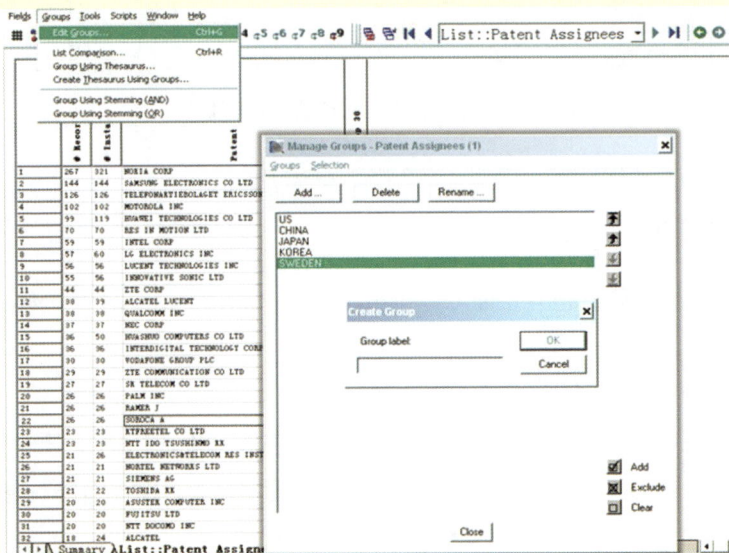

图 2-30　组编辑操作

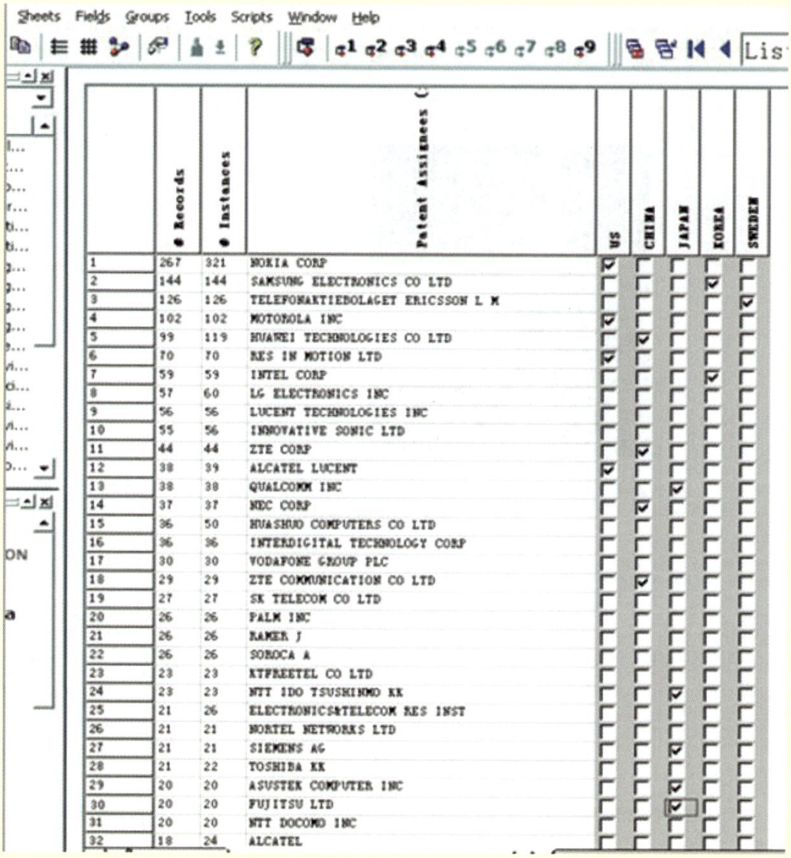

图 2-31　通过组对专利申请人进行标引

2.2.5　数据分析

DDA 中，数据分析包含 List（一维分析）、Matrix（二维分析）和 Map（专利地图）。

（1）List（一维分析）

对于 List（一维分析），我们可以双击所需字段，生成所需记录的"List"，如"Family Member Country"，然后右键选择数据拷贝，粘贴到 Excel 中进行相应做图（图 2-32）。

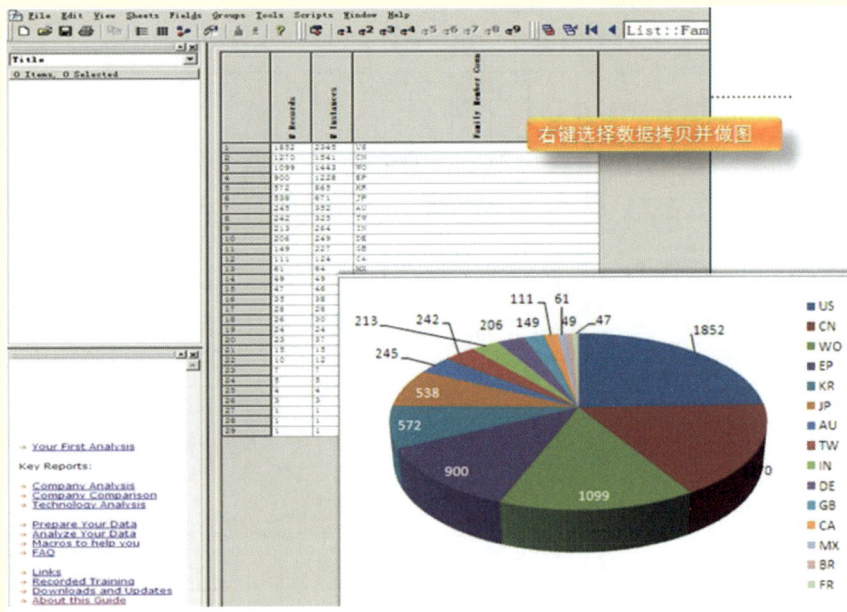

图 2-32　一维分析（国别分析）

（2）Matrix（二维分析）

Matrix（二维分析）即矩阵分析，可分为 3 类，如图 2-33 所示。

①共现矩阵（Cooccurrence Matrix）：寻找同时出现在两个矩阵参数中的记录。

②自相关系数矩阵（Auto-correlation Matrix）：利用矩阵分析在相同的字段中寻找关系密切的项目，如寻找合作密切的公司、发明人，自相关系数矩阵只适用于有多个数值的字段。

③互相关系数矩阵（Cross-correlation Matrix）：利用矩阵分析在不同字段中寻找关系密切的项目，如在相同领域研发相似的专利申请人（专利权人）。

例如，对于共现矩阵，可进行时间序列分析，将优先权国（Priority Countries）与优先权年（Priority Years）做共现矩阵，并做图（图 2-34），可以分析各专利技术输出国专利申请量随优先权年的变化。

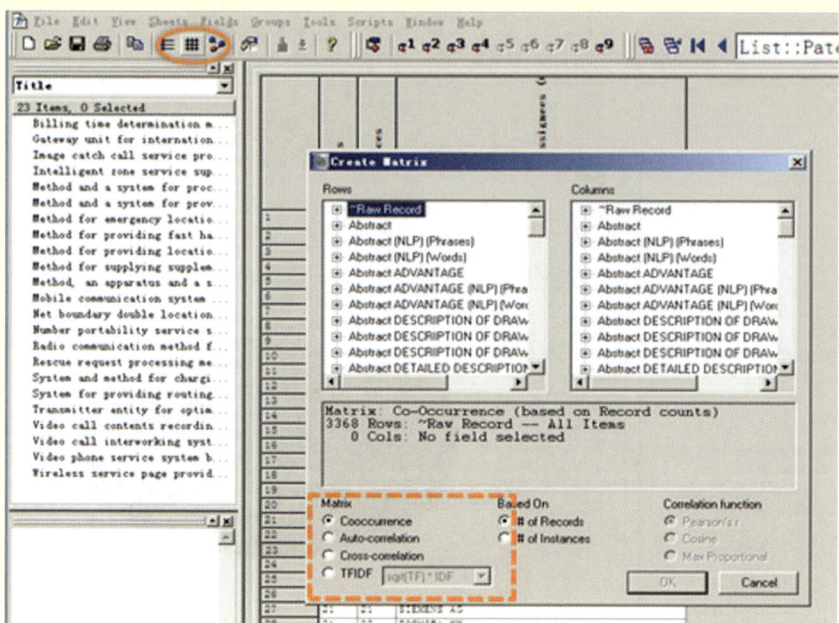

图 2-33　二维分析

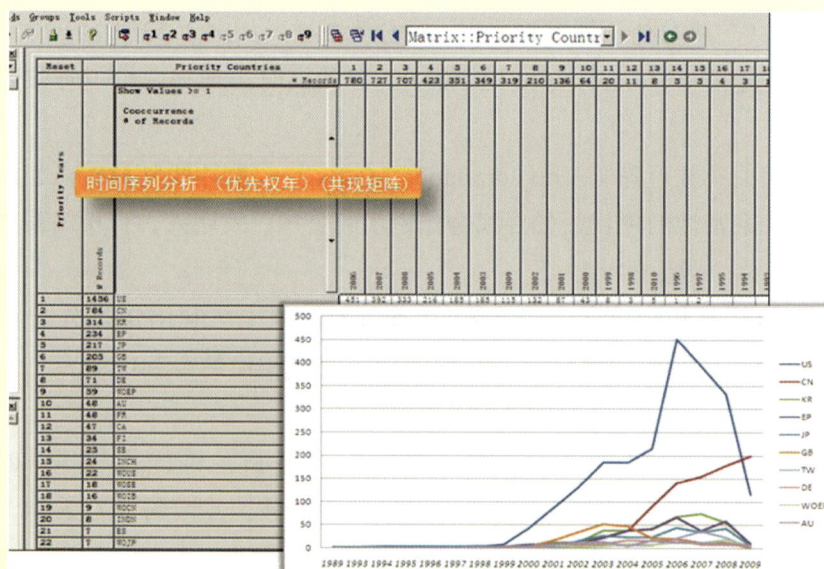

图 2-34　共现矩阵的时间序列分析

自相关系数矩阵可以显示某一数据列表中的相互关系（图 2–35）。例如，一个专利申请人（专利权人）的自相关系数矩阵可以显示专利申请人（专利权人）的高度相关关系（图 2–36）。

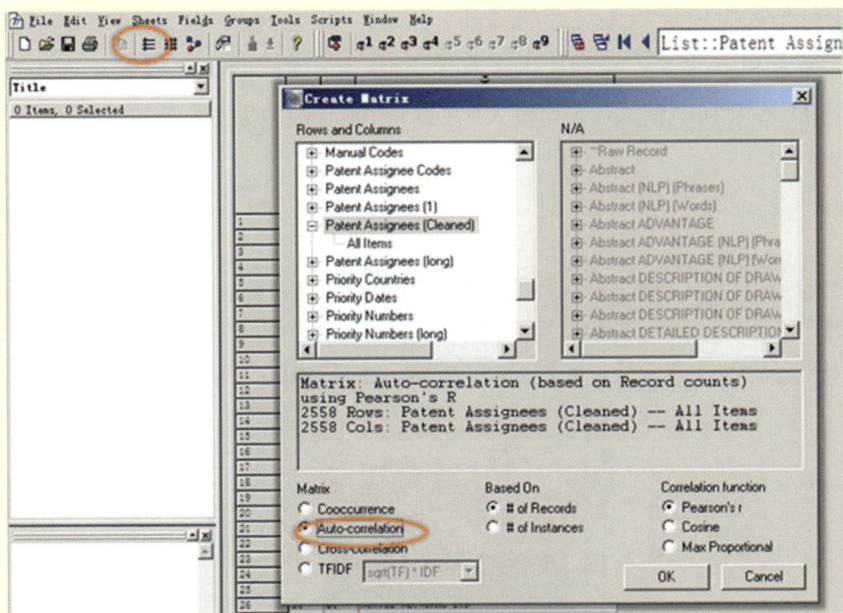

图 2-35　自相关系数矩阵分析操作

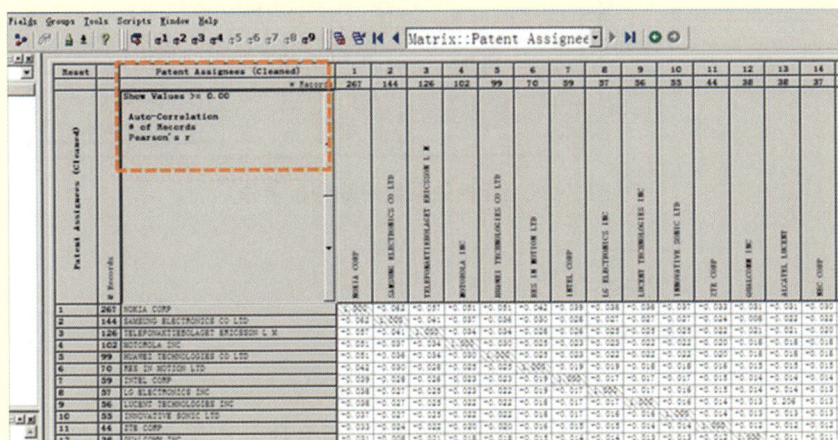

图 2-36　自相关系数矩阵分析结果

互相关系数矩阵显示某一数据表中各项目基于另外一张数据表的相关性（图2-37）。例如，作者的基于叙词的互相关系数矩阵可以显示有哪些团体在写作相同的作品。创建互相关系数矩阵需选择两个字段：第一个字段显示为矩阵中的行与列，通常为一个字段或自己定义的一小组数据，选择的第二个字段是分析行与列中项目相关关系的基础。

选择专利申请人（专利权人）和德温特手工代码两个字段做互相关系数矩阵，显示哪些专利申请人（专利权人）在进行相同或相似技术领域的研发工作（图2-38）。

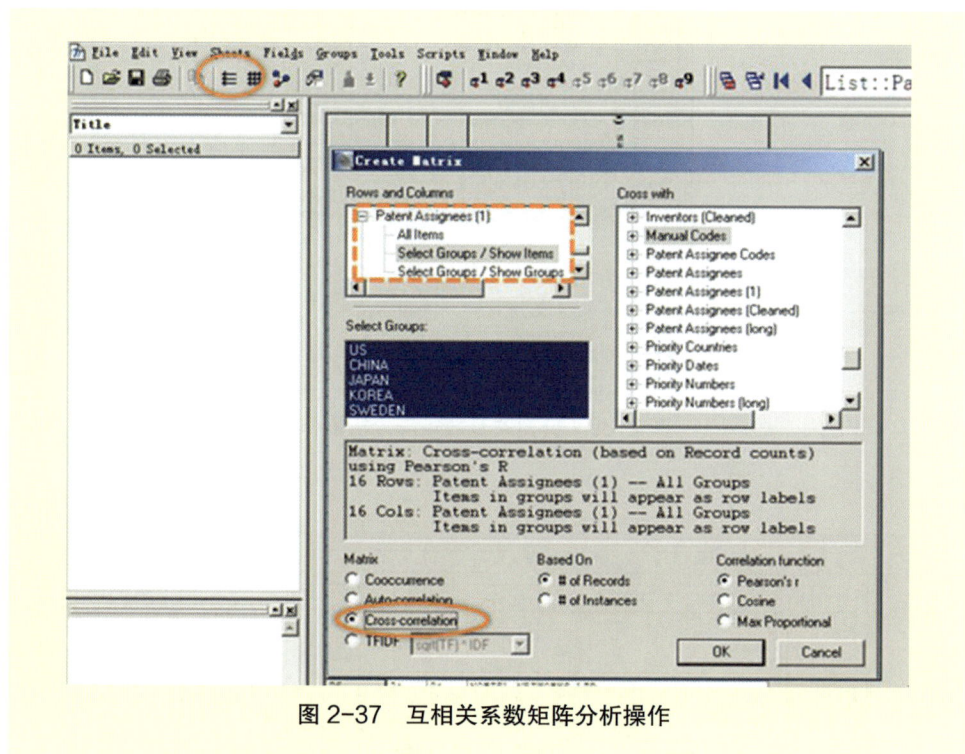

图 2-37　互相关系数矩阵分析操作

（3）Map（地图分析）

Map（地图分析）可分为4类：

1）自相关系数地图（Auto-correlation Map）

在相同的字段中，寻找关系密切的项目，如寻找合作密切的公司、发明人、国家。

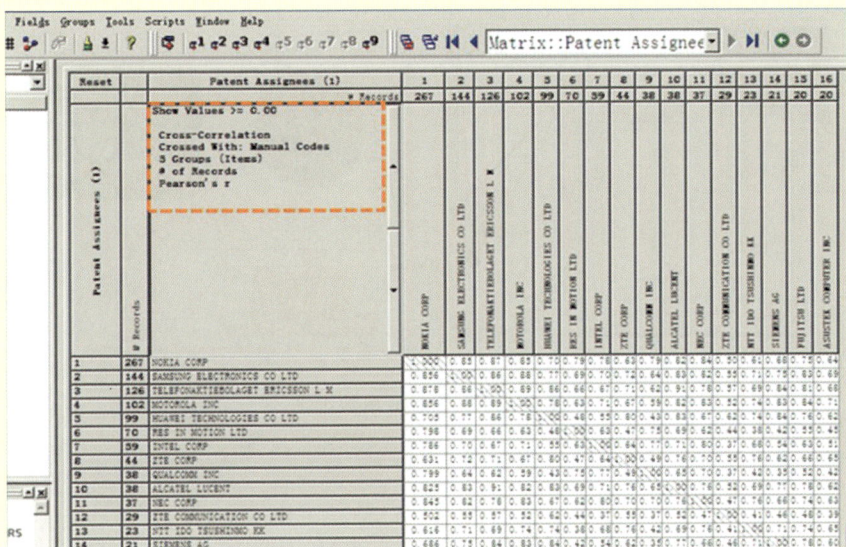

图2-38 互相关系数矩阵分析结果

自相关系数地图显示一张数据表中各个条目的相互关系。例如，一个作者自相关系数地图可以显示在一起写作的团队成员。一个叙词的自相关系数地图将可以因为在同一记录中被使用，而显示它们之间的高度相关性。

注意：对于自相关系数地图而言，应该选择那些在绝大多数记录中都含有多个数据的字段。例如，作者或叙词等都是好的选择，出版日期则不应选择，因为每条记录中只有一个出版日期。

2）互相关系数地图（Cross-correlation Map）

在不同字段中，寻找关系密切的项目，如寻找哪些公司在相同的研发领域关系密切（图2-39）。

3）因子图谱（Factor Map）

寻找经常共同出现在相同专利文献的项目，如经常相伴出现的词（NLP）、发明人、IPC、Manual Code、聚成词簇。

4）Aduna聚类地图（Aduna Cluster Map）

Aduna聚类地图用于创建描述List中各项之间关系的动态地图（图2-40和图2-41）。例如，查看发明人之间的合作关系等，需要调用Java Applet。

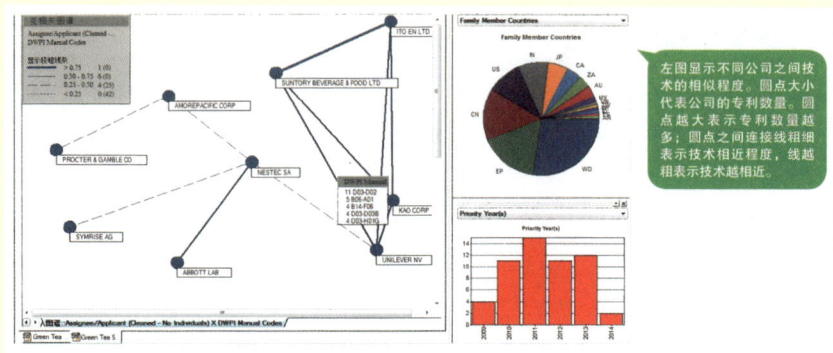

图 2-39 互相关系数地图

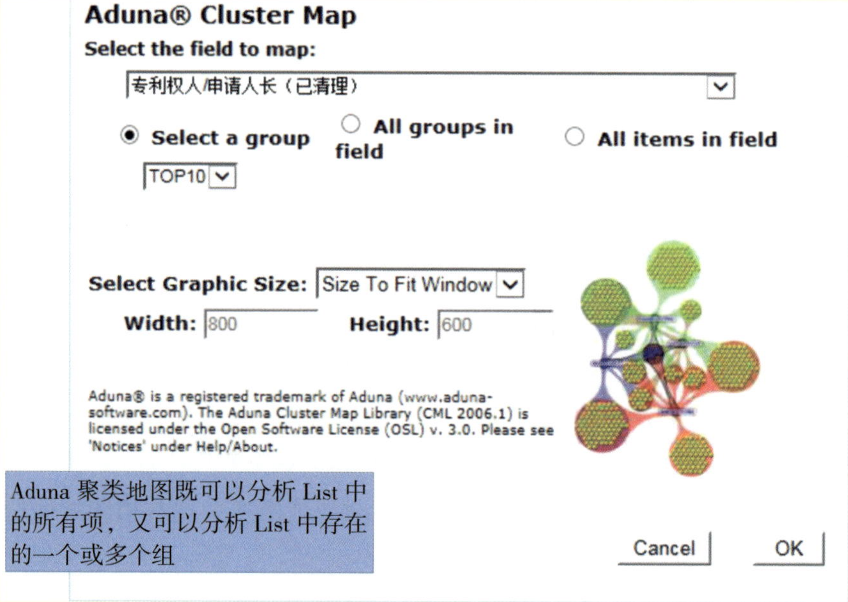

图 2-40 Aduna 聚类地图分析操作

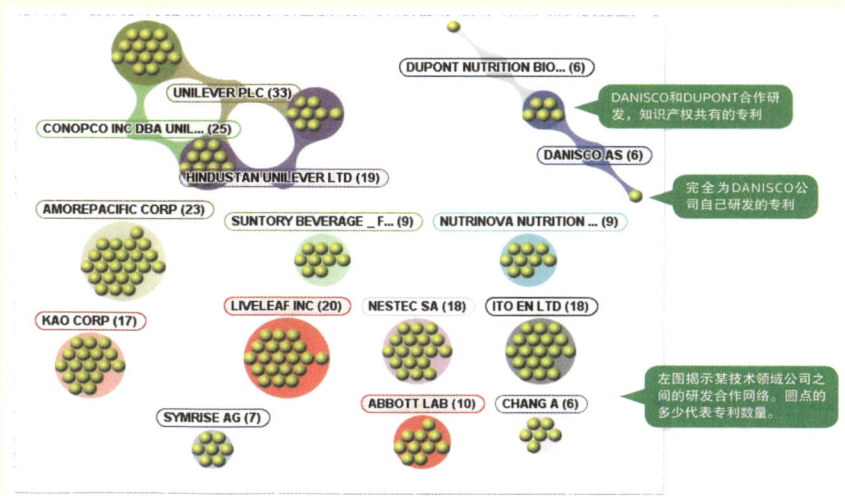

图 2-41　Aduna 聚类地图分析结果

（4）词云（Word Cloud）

词云视图显示数据集中选定关键词的流行程度，对于单个词汇或短语（如专利权人姓名、分类代码或 IPC 词目）非常有用。视图中每个项的大小与在数据集中的出现频率成正比，较大的项出现频率较高，较小的项出现频率较低（图 2-42）。

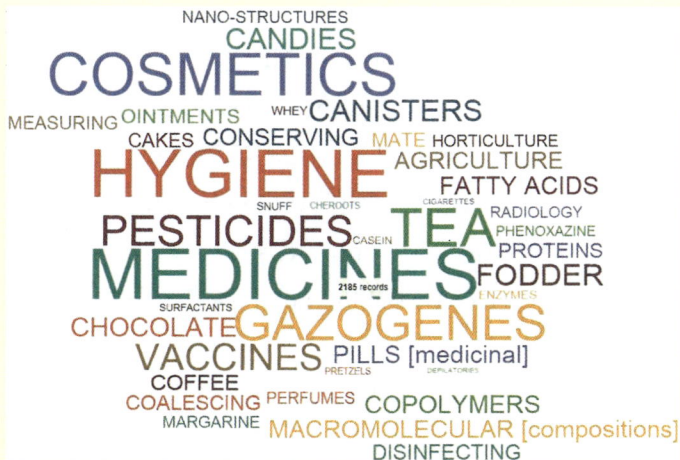

图 2-42　词云文本分析结果

2.2.6　分析报告

通过运行"Script"菜单，DDA 可产出一系列自动报告（图 2-43）。

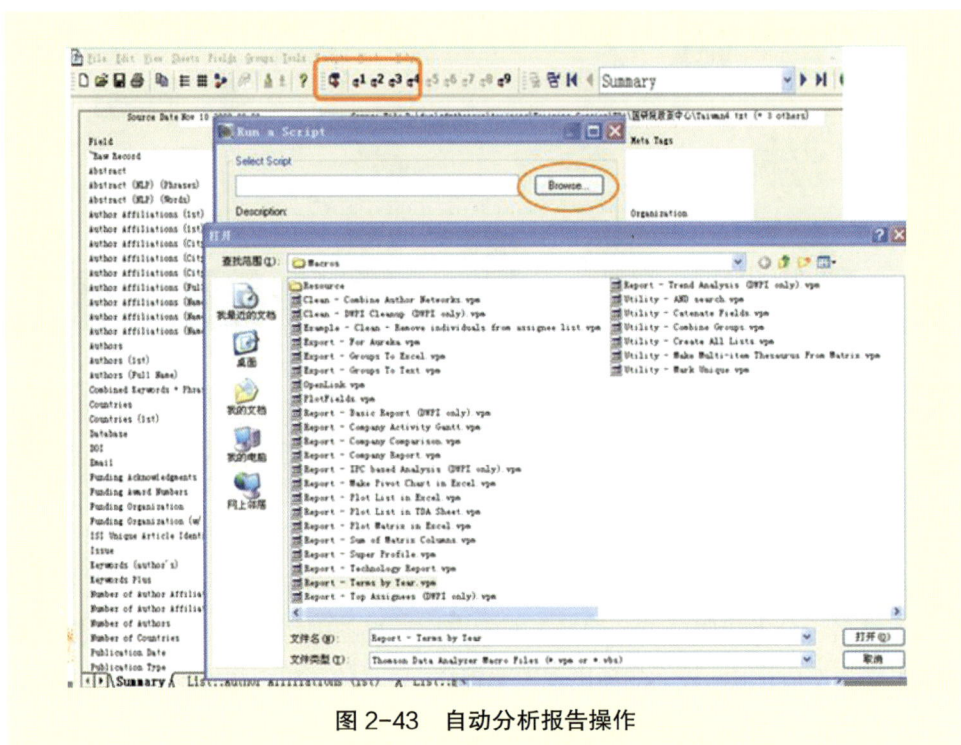

图 2-43　自动分析报告操作

① Clean–Combine Author Networks：发明人聚组；

② Clean–DWPI Clean up（DWPI Only）：DWPI 数据清理；

③ Export–For Aureka：生成可以导入 Aureka 的数据文件；

④ Export–Groups To Excel：将"组"导出到 Excel；

⑤ Export–Groups To Text：将"组"导出到 Text；

⑥ Export–Records To Excel（DWPI Only）：将记录中预选好的字段导入 Excel；

⑦ Export–Records To Word（DWPI Only）：将记录中预选好的字段导入 Word；

⑧ Export–Records To Word：将记录导出到 Word；

⑨ Report–Basic Report（DWPI Only）：专利数位居前 10 位的专利权人报告；

⑩ Report–Company Comparison：2 个或 5 个公司间的相互比较报告，相互间比较项目可以选择；

⑪ Report–Company Report：报告，公司 / 发明人 / 年代 / 国家 / 技术，分析数据只来自一个机构；

⑫ Report–IPC based Analysis（DWPI Only）：前 10 位专利权属人相关 IPC 相对 Basic Patent Year 的分析报告；

⑬ Report–Make Pivot Chart in Excel：生成二维分析相应的数据透视表；

⑭ Report–Plot List in Excel：将 List 中选定的数据复制到 Excel 中，并自动生成柱形图；

⑮ Report–Plot Matrix in Excel：将选定的二维分析复制到 Excel 中，并自动生成三维图、柱形图、折线图；

⑯ Report–Sum of Matrix Columns：将选定的二维分析表格中分析元素的列数与行数进行统计；

⑰ Report–Technology Report：以技术 / 机构 / 发明人为参照点考量新出现的 / 消失的 / 量最大的 / 独特的技术分布报告；

⑱ Report–Term by All Years：所有年份出现的词汇分析报告；

⑲ Report–Term by First Year：词汇第一次出现的年份分析报告；

⑳ Report–Term by last Year：词汇最后一次出现的年份分析报告；

㉑ Report–Top Assignees（DWPI only）：前 25 位专利权属人德温特分类 / 发明人分析报告；

㉒ Report–Trend Analysis（DWPI only）：从技术 / 市场 / 专利权人的角度，分析德温特分类 / 德温特手工代码 /IPC 号对应年份出现的新旧比例，显示技术发展趋势。

2.3　Derwent Innovation（DI）专利分析工具

2.3.1　工具介绍

Derwent Innovation（DI）是科睿唯安公司（原汤森路透知识产权与科技事

业部）的一款知名的专利检索和分析工具，可提供全面、综合的内容，包括全球专利信息、科技文献及商业和新闻内容。凭借强大的分析和可视化工具，DI允许用户快捷地识别与其工作相关的信息，提供信息资源来帮助用户在知识产权和业务战略方面做出更快、更准确的决策。

在 DI 的检索结果页面，提供了分析（Analyze）功能。选中待分析的专利检索的结果，分析菜单提供了专利地图（ThemeScape）和直接的文本聚类（TextClustering）功能。直接的文本聚类功能可以对选定的专利数据进行文本聚类分析。通过点击每一个聚类，可以进一步浏览该聚类下的专利文献。

ThemeScape 是一个专利地图分析工具，其原本属于 Aurign Systems 公司开发的 Aureka 工具，后来随着汤森路透公司对 Aurigin Systems 公司的收购，ThemeScape 专利地图分析模块被集成在 DI 中。ThemeScape 专利地图模块实际上也是利用文本聚类方法，针对专利的标题和摘要生成专利地图。

DI 的主要特点：

①全面的内容——原始专利信息 + 人工改写英文标题和摘要 +DWPI 增值信息 + 科技文献 + 商业信息；拥有来自美国专利法律状态、INPADOC 专利法律状态数据库的法律信息。

②完善的功能——检索、浏览、下载、管理、跟踪、共享；可有效监控行业动态，专利全文自动翻译成中文，批量下载专利全文。

③特色的分类——德温特分类和德温特手工代码是面向信息的检索分析和利用设计的分类体系，由科睿唯安统一的分类标引流程完成，保障分类法使用的一致性，侧重按专利的用途分类。

④强大的分析——技术全景分析、专利引证分析、聚类分析、图表分析。

2.3.2 专利检索

DI 中，专利检索分为两个界面：一个是表单检索界面（图 2-44），另一个是专家检索界面（图 2-45）。类似于 DII 中的基本检索和高级检索。但是，需要注意的是，在 DII 和 DI 中，字段的代号并不相同。例如，在 DII 中德温特手工代码的代号是 MAN，而在 DI 中是 MC。

图 2-44　DI 表单检索

图 2-45　DI 专家检索

得到检索结果之后，可点击如图 2-46 所示的太阳形按钮，按照自己的需要对专利进行排序。例如，可以将所得专利按"施引参考文献数 – 专利"进行排序，被引次数越高的专利排得越靠前（图 2-47）。

图 2-46　DI 检索结果排序

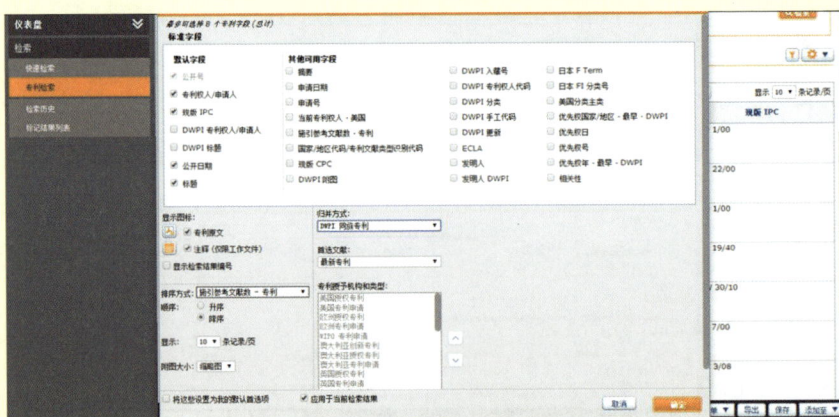

图 2-47　DI 施引参考文献数排序

此外，我们还可以通过点击如图 2-48 所示的手电筒形按钮，对所得专利检索结果进行筛选（如按发明人、专利权人、现版 IPC、公开年筛选）和二次检索。

图 2-48　DI 检索结果筛选与二次检索

除了通过字段检索得到所需专利之外，我们还可以通过专利公开号、DWPI 入藏号输入/上传得到所需专利。例如，我们从 DDA 中得到一系列 DWPI 入藏号，将这些入藏号输入 DWPI 入藏号窗口，然后点击"检索"，就可以得到所需专利（图 2-49）。

图 2-49　DWPI 入藏号检索

如果需要将所得专利导出为文件，可以点击下方的"导出"按钮（图 2-50）。

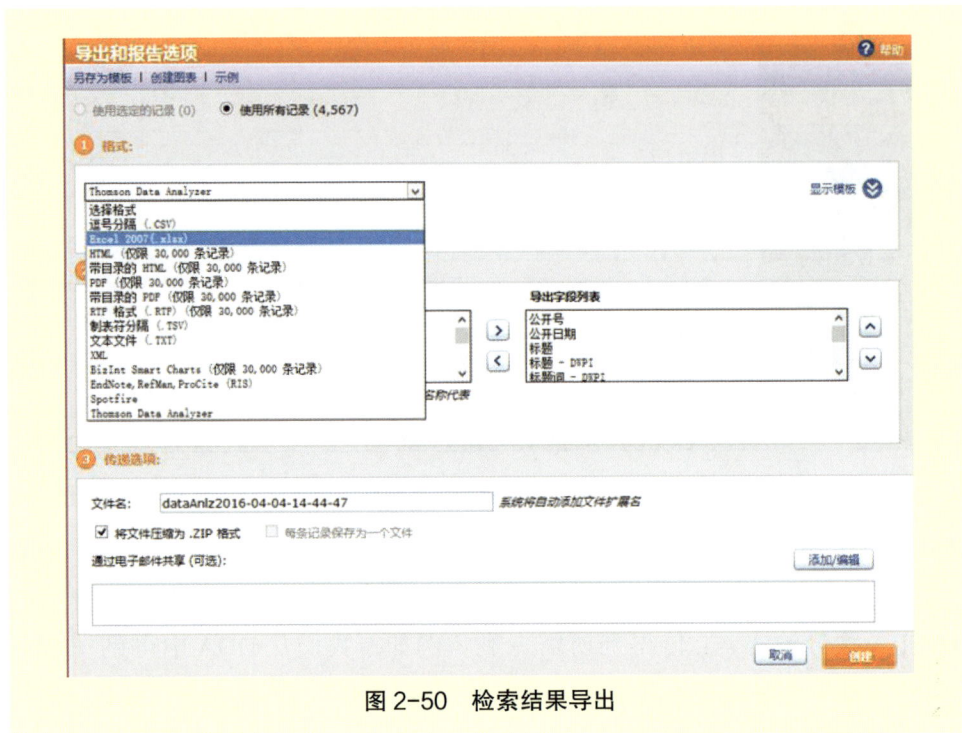

图 2-50　检索结果导出

导出的格式我们一般可选择 DDA 和 Excel。导出的 DDA 文件可直接导入 DDA 进行分析。

2.3.3　专利分析

在专利检索结果界面点击下方的"分析"按钮，可对所得专利进行进一步的专利分析（图 2-51）。在 DI 中，可选的专利分析包括图表、ThemeScape 专利地图和引证关系图等。

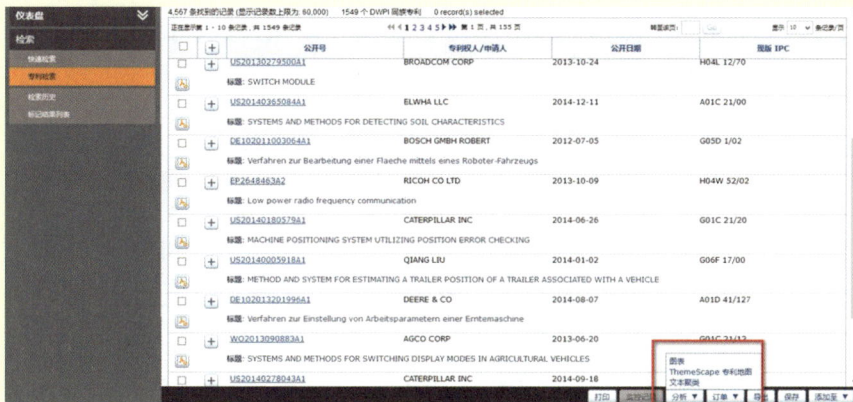

图 2-51　检索结果分析操作

2.3.3.1　图表分析

在图表选项中，可从专利权人、发明人、技术分类、引证和常规等角度绘制条形图、饼图、线形图和列表（图 2-52）。

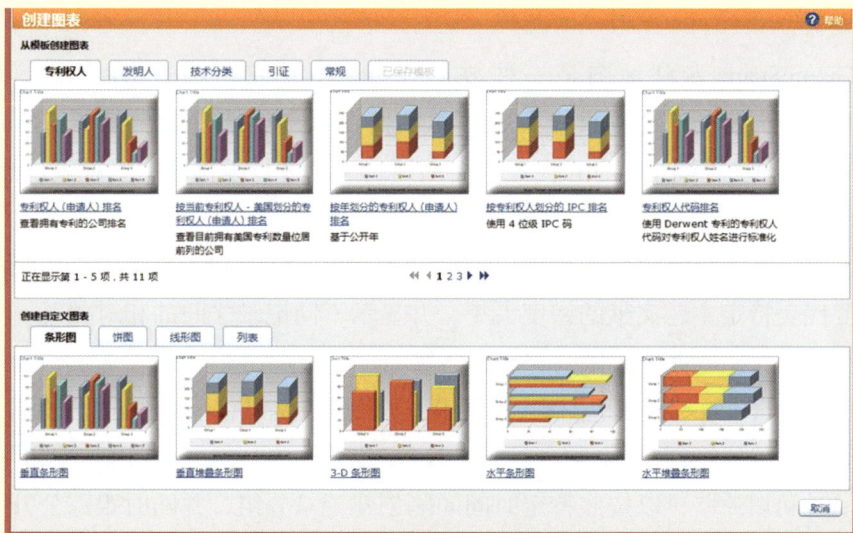

图 2-52　DI 图表分析功能列表

除可自动生成图表外，我们还可对图表进行手动编辑，如编辑图表的标题、图表类型、可视化选项、要分析的主字段、主字段项目数、排序、要分析的第二字段等（图2-53）。

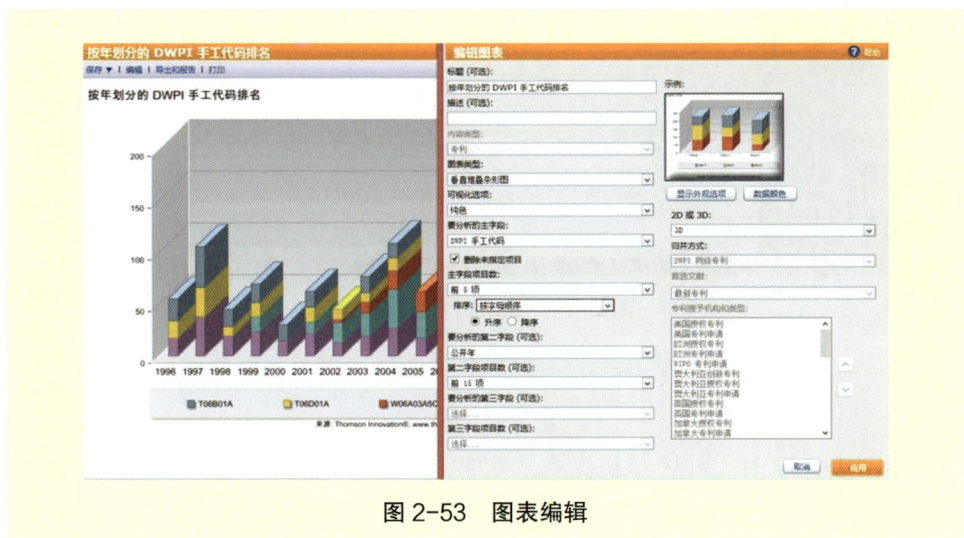

图 2-53　图表编辑

2.3.3.2　ThemeScape 专利地图分析

ThemeScape 专利地图是一种数据分析工具，它可通过 DI 专利信息、DWPI 的增值专利信息、科技文献信息和商业信息创建主题全景图（Content Map）。主题全景图是一种按主题内容对所选文献进行编排后的直观表现形式。这有助于用户利用熟悉的方法来分析大型数据集。

主题全景图会将包含通用概念词（主题）的记录分到一个组中。山峰的海拔高度代表特定主题文献的密度大小，并显示不同记录之间的相对关系。这有助于在使用大型数据集时做到"一目了然"。

在 ThemeScape 专利地图中，我们可以根据检索结果、主题或手动选择的记录创建文献分组，并在主题全景图上查看；比较这些分组，以找出重叠和差异；创建"时间切片"，以按照特定时间间隔创建记录分组，并随时跟踪公开活动的密度；从分组创建 DI 工作文件或导出；发布主题全景图，以供其他用户查看。

（1）ThemeScape 专利地图创建

点击专利检索结果界面下方的 ThemeScape 专利地图，可开始专利地图的创建。可选择基于专利族分析（使用选定的记录）或基于全部专利分析（使用所有记录）（图 2-54），可选择需要分析的字段及字段的处理方式（Analyze 或 Summarize）（图 2-55）。在分析过程中，一般选择基于专利族分析（使用选定的记录）。

图 2-54　ThemeScape 专利地图创建（选择分析对象）

图 2-55　ThemeScape 专利地图创建（选择分析字段）

点击"保存"后，就可生成专利地图。基本的专利地图及图中信息释义如图 2-56 所示。

图 2-56 ThemeScape 专利地图导读

内容相似的记录在专利地图上形成"山峰"，表示这些记录的内容相似。山峰的高度代表记录的密度；山峰越高表示记录越多。每个山峰都有一个深黑色的标签，表示该区域的关键词。山峰之间的距离说明这些区域中记录之间的关系。聚集在一起的山峰内容类似，由一个浅灰色的标签表示。专利地图上的圆点表示单个记录。将鼠标悬停在圆点上时，会显示有关该记录的基本信息。单击圆点可在文献浏览器中查看其详细信息。

（2）标签编辑

默认情况下，专利地图上的标签显示了某个领域最常用的检索词。这些检索词直接来自分析的记录。如果需要，可以更改标签，使其更好地描述该领域的内容。若要更改标签，可执行以下操作：单击专利地图上方的编辑标签按钮（I 形竖条）；单击要更改的标签；在文本框中键入内容以更改标签；单击编辑框外部以保存所做的更改。例如，图 2-57 将 Vision、Navigation 的标签改为了视觉导航。

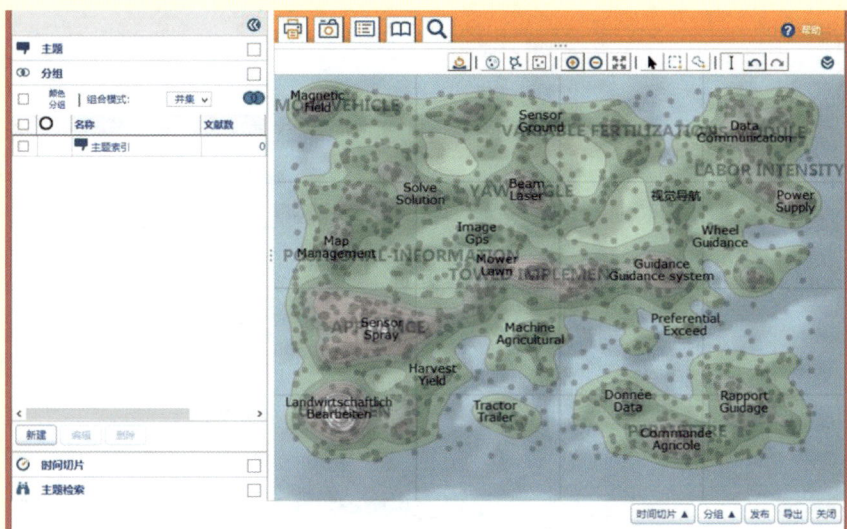

图 2-57　ThemeScape 专利地图标签编辑

（3）创建和编辑分组

1）创建分组（图 2-58）

若要创建分组，可使用选择工具、主题浏览器、主题检索或时间切片选择记录。

①选择要包含在分组中的记录，可以通过使用手动选择工具、选择主题、选择时间切片或运行检索来执行此操作；

②依次单击"分组"→"分组工具"，以打开"分组"面板；

③单击分组面板中的"新建"；

④为分组输入名称并选择任意选项（请参见每个选项的作用）；

⑤单击"保存"。

此时分组面板中会显示新分组。如果是使用手动选择工具或从时间切片创建的分组，则分组名称旁会显示一个选择图标。如果是通过检索或选择主题创建的分组，则分组名称旁会显示一个检索图标。

2）在专利地图上显示分组

通过在专利地图上显示分组，可以查看它们的关系和比较结果。

①依次单击"分组"→"分组工具"，以打开分组面板；

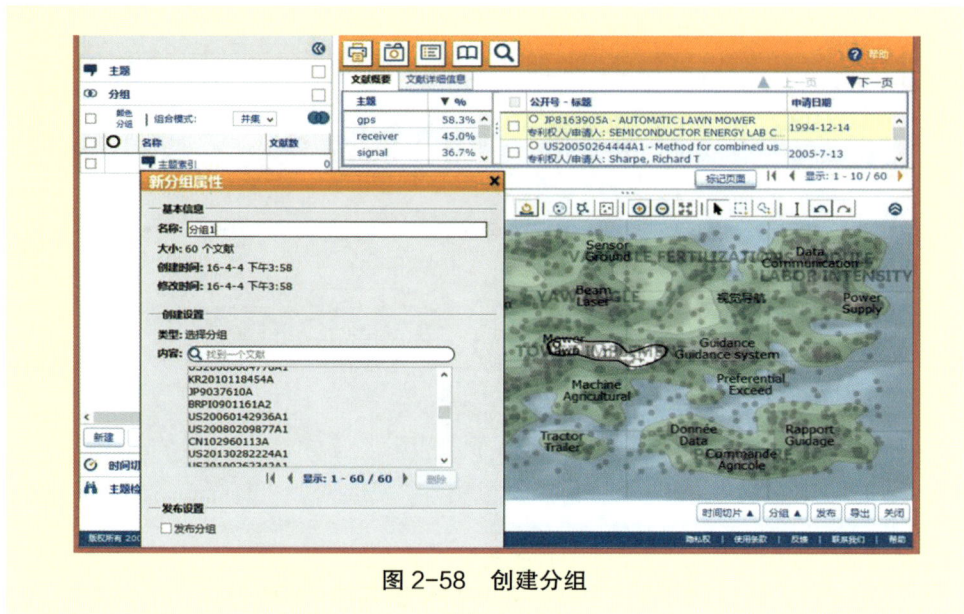

图 2-58　创建分组

②使用组合模式下拉列表选择希望分组显示的方式（请参见每个选项的作用）；

③选中要查看的分组所对应的复选框；

④所选的分组将使用选定的组合模式进行显示。默认情况下，不同的分组在专利地图上显示为不同的颜色，帮助识别每个分组所包含的记录。可以选择取消选中设置分组颜色复选框，改为使用白点显示所有记录。

3）编辑分组

通过编辑分组，可以更改其名称及其中包含的记录（通过手动删除记录或编辑用于创建分组的查询），或者选择在发布专利地图时包含该分组。

①依次单击"分组"→"分组工具"，以打开分组面板，并选择要编辑的分组；

②单击"编辑"，并调整选项；

③单击"保存"。

（4）创建和编辑时间切片

1）创建时间切片（图 2-59）

①依次单击"时间切片"→"时间切片工具"，以打开时间切片面板；

②单击"新建"；

③为时间切片输入名称，并选择任意选项；

④单击"保存"。

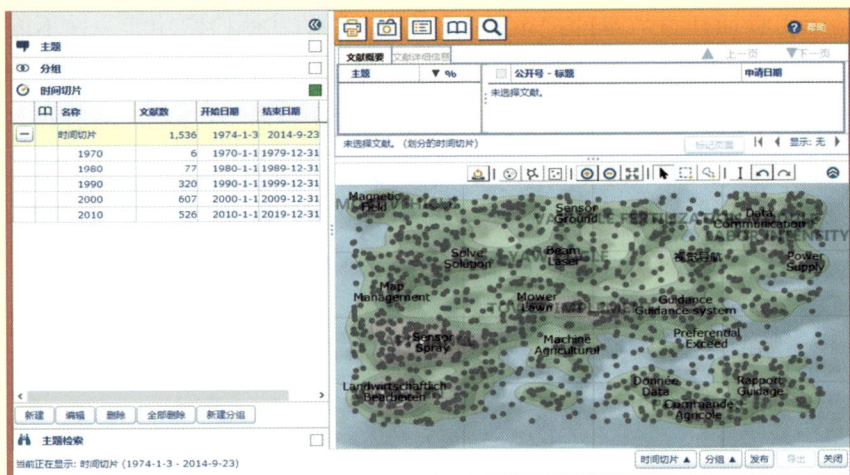

图 2-59　创建时间切片

2）在专利地图上显示时间切片

通过在专利地图上显示时间切片，可以查看专利格局是如何随时间变化的。如果是使用"自动划分"创建的时间切片，则必须单击时间切片旁的加号，以查看自动创建的时间间隔。

①依次单击"时间切片"→"时间切片工具"，以打开时间切片面板；

②选择要查看的时间切片，如果使用的是"自动划分"，请单击时间切片旁的加号以查看自动创建的时间间隔；

③单击各个时间切片或时间间隔，以查看专利分布情况在每个切片中是如何变化的。

3）编辑时间切片

通过编辑时间切片，可以更改其属性（名称、日期范围等）。

①依次单击"时间切片"→"时间切片工具"，以打开时间切片面板，选择要编辑的时间切片；

②单击"编辑"，并调整时间切片的选项；

③单击"保存"。

（5）ThemeScape专利地图的主题检索功能

通过主题检索面板，可以在ThemeScape专利地图中检索被ThemeScape专利地图分析算法标识为"主题"的数据。这样可以快速检索包含在分析中的数据。主题检索可返回任意数量的记录；它不像DI中的其他检索功能一样不能返回超过60 000条记录。主题检索不会检索未包含在分析中的字段（或仅作为"概要"包含的字段）。如图2-60所示，检索文本中含有"vision"的专利，操作方法如下：

①单击专利地图左侧的右向双箭头，以打开工具面板，并单击"主题检索"；
②单击"查找"下拉菜单并选择希望采用何种方式检索专利地图；
③输入关键词，单击"检索"。

与检索内容匹配的记录会作为白点显示在专利地图上，并且还会出现在文献浏览器中。

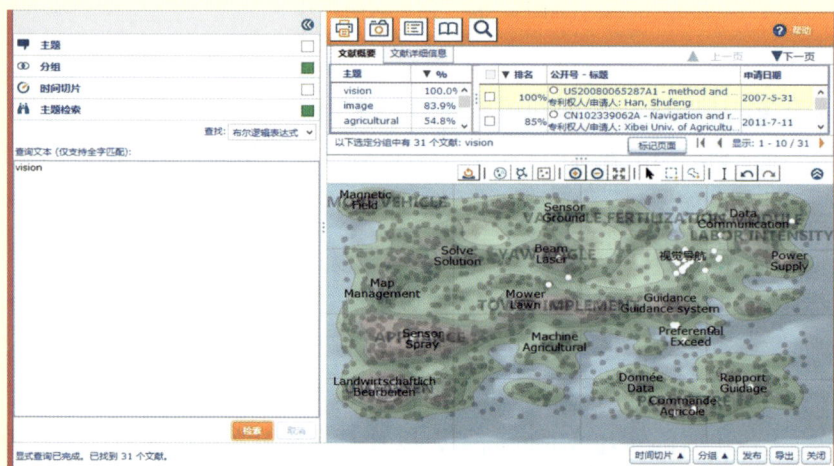

图2-60　ThemeScape专利地图主题检索

DI检索功能使用专利地图中的任意专利字段，而不仅仅是已分析的字段来查找记录。其工作原理类似于使用字段式检索表单在DI中查找记录，但它仅检索ThemeScape专利地图中的记录（图2-61）。检索结果不能超过60 000条记录。在ThemeScape专利地图上使用DI检索功能会自动为找到的记录创建一

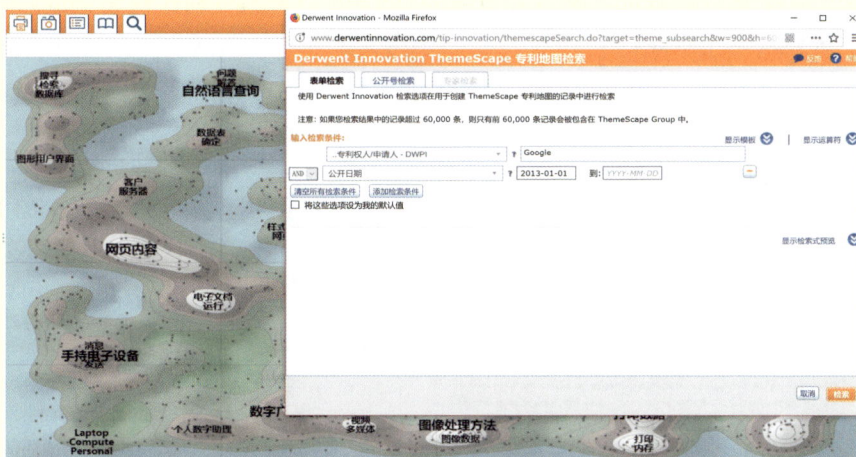

图 2-61　ThemeScape 专利地图检索操作

个分组，操作方法如下：

①单击工具栏上的检索按钮（放大镜）；

②完成检索表单，单击"检索"；

③为包含检索结果的分组输入名称，单击"保存"。

与检索内容匹配的记录会在专利地图上处于选定状态（显示为红点），并且还会出现在文献浏览器中（图 2-62）。

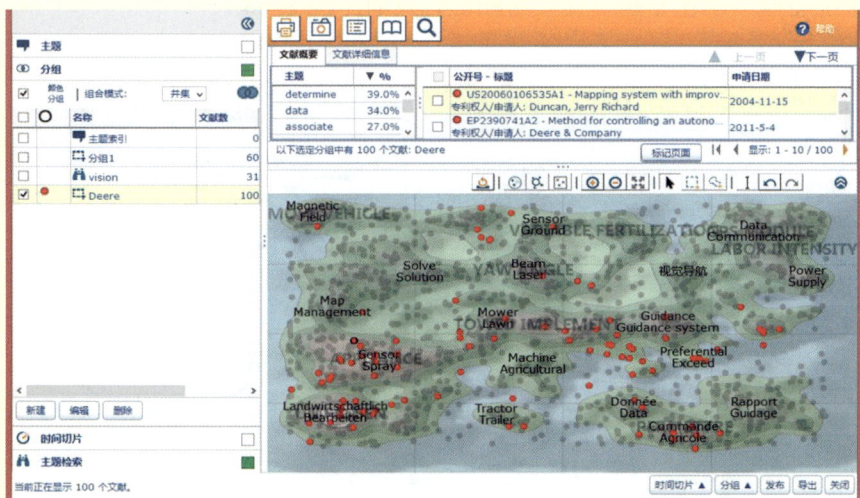

图 2-62　ThemeScape 专利地图检索结果

例如，检索专利权人/申请人为美国 Google 公司的专利，检索完成后，会自动生成 Google 的分组。

2.3.3.3　引证关系图

（1）设置引证关系图

在专利记录视图中，选择标题栏中的"引证关系图"功能键（图 2-63）。

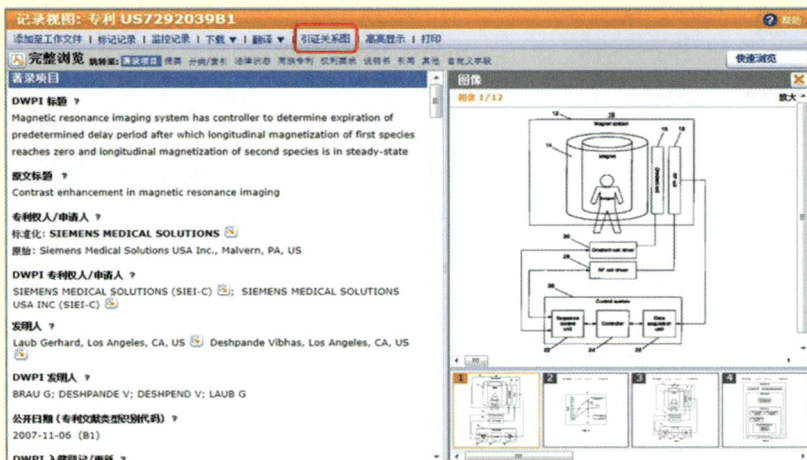

图 2-63　选择引证关系图

系统会显示创建专利引证关系图设置页面（图 2-64）。

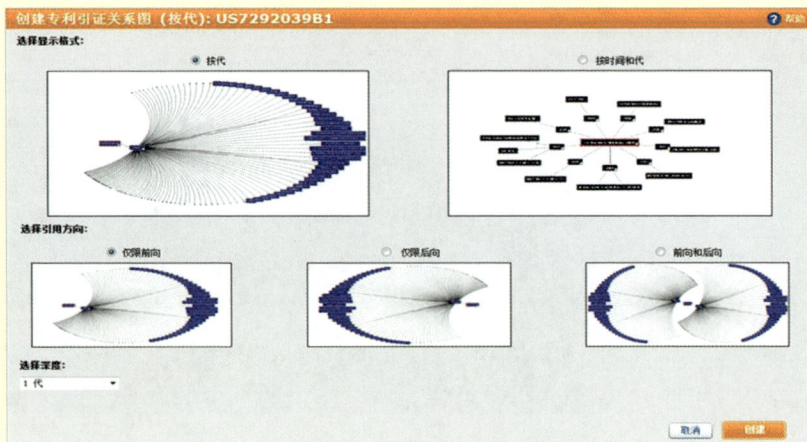

图 2-64　创建引证关系图

使用这些选项为标题栏中指定的记录（目标记录）创建引证关系图。

"仅限前向"（默认）单选按钮用于查看引用目标记录的记录；选择"仅限后向"，可查看目标记录引用的记录。若要同时查看两种类型，可选择"前向和后向"选项。

通过"选择深度"下拉菜单，可以选择要在创建的引证关系图中查看的引用代数。如果要查看直接引用目标记录或直接被目标记录引用的记录的引证关系图，请选择 1 代。如果选择 2 代，可以查看：对引用了目标记录的记录进行引用的记录（前向）；被目标记录引用的记录所引用的记录（后向）。如果选择更高的代（3 代、4 代、5 代 等），则可以查看更多的引用关系。选择"全部"可以查看所有的引用代次。选择引证关系图的方向和深度后，请单击"创建"，以生成引证关系图。

（2）引证关系图布局

图 2-65 中的引证关系图是在选择"前向和后向"引用及所有代的条件下创建的。

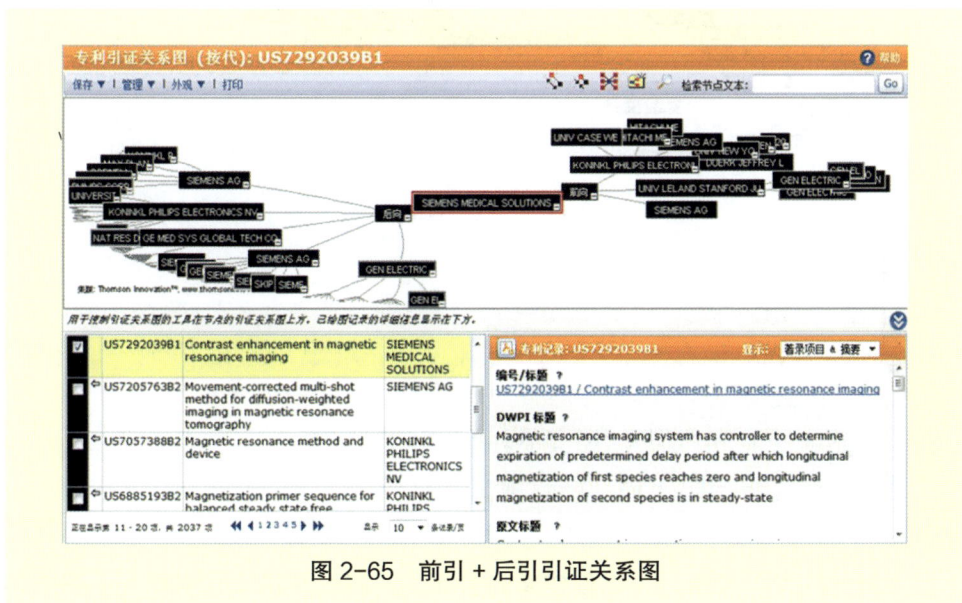

图 2-65　前引 + 后引引证关系图

引证关系图页面包含以下部分：

①显示引证关系的节点（记录）引证树；

②可用于管理、编辑、设置格式和打印引证关系图的工具栏；

③整页显示控制箭头允许整页查看引证关系图，或者查看包含检索结果和记录视图面板的引证关系图；

④引用的 / 施引专利的检索结果，其中显示了公开号、标题和专利权人 /申请人；

⑤目标专利的记录视图。

引证树上的节点表示的是引用的 / 施引专利。

将鼠标悬停在节点上方，可查看专利的详细信息。如图 2-65 所示，显示的是目标记录 US7292039B1（SIEMENS MEDICAL SOLUTIONS）的详细信息。

如果某条记录有引证关系，相应节点右下角会显示一个白色的展开 / 折叠按钮。单击该按钮可展开或折叠所显示的内容。若要整页查看引证关系图，请选择位于引证树下方的整页显示按键（图 2-66 红色箭头处）。

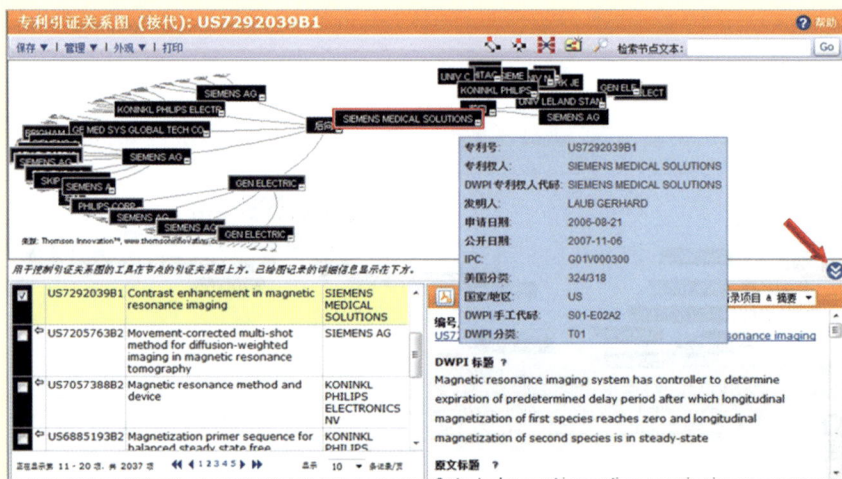

图 2-66　查看引证专利的详细信息

（3）管理选项

通过"管理"菜单，可以创建新的引证关系图，并将现有引证关系图及其中显示的记录按不同格式保存。图 2-67 中的描述提供了关于"管理"菜单的更多信息。

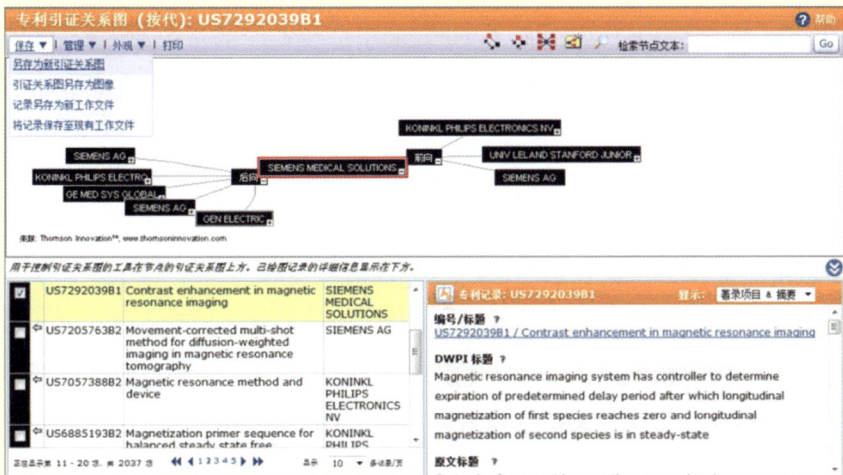

图 2-67　引证关系图的"管理"菜单功能

（4）创建新引证关系图

我们最初可以基于目标记录创建引证关系图，也可以为引证树和检索结果中显示的节点 / 记录创建其他引证关系图（图 2-68）。

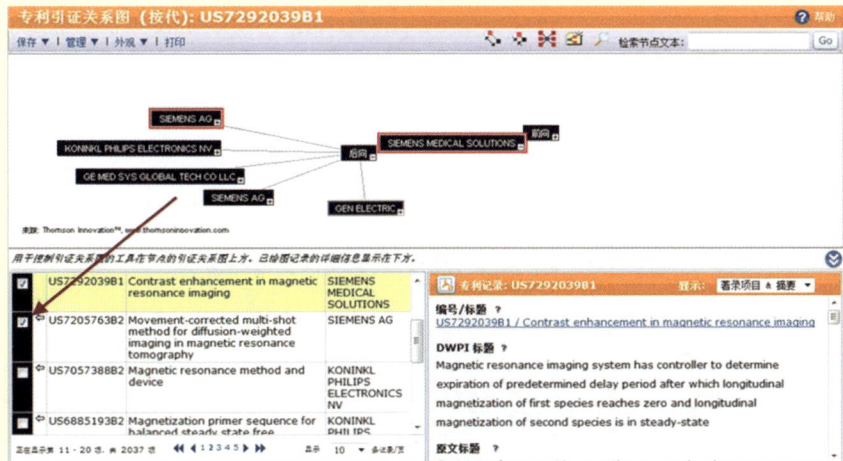

图 2-68　创建新引证关系图

请注意，检索结果中的目标记录（US7292039B1 SIEMENS MEDICAL

SOLUTIONS）已高亮显示。在此示例中，会为（US7205763B2；SIEMENS AG）创建一个新的引证关系图。创建新的引证关系图的步骤如下：

①选中新目标记录旁边的复选框。该节点将会在引证树中高亮显示，如图2-69所示；

②在"管理"菜单中选择创建新引证关系图；

③在创建专利引证关系图设置页面选择引用方向和代深度；

④单击"创建"，将显示新的引证关系图。

图2-69是基于一篇核心专利的DPCI专利家族的专利引证图，可快速了解某公司核心专利的技术演进。该专利来自丰田公司，竞争对手爱信公司申请了大量的外围专利（绿色表示爱信公司的专利）；同时在爱信二代技术的基础上，不同公司对其技术做了引用和改进。

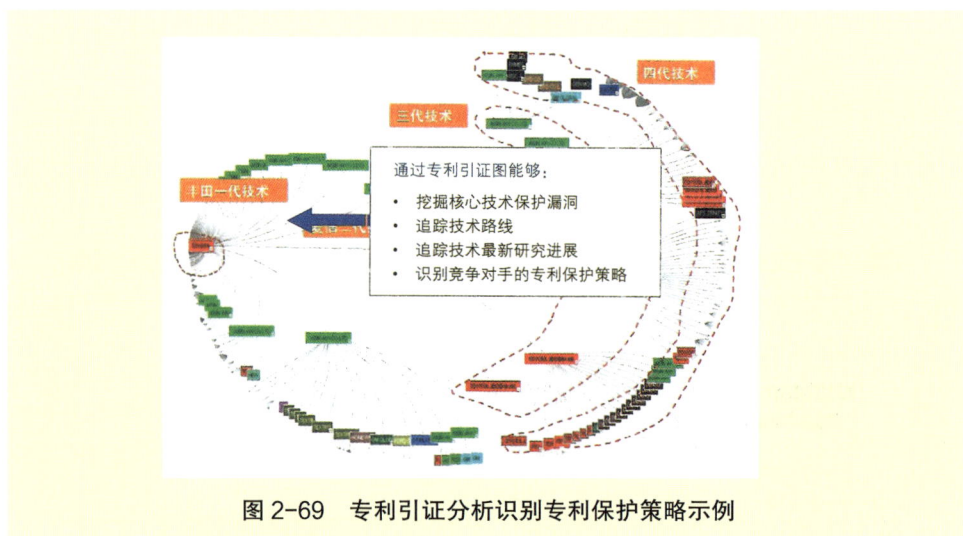

图2-69　专利引证分析识别专利保护策略示例

2.4　PIAS专利信息分析系统

2.4.1　软件介绍

PIAS专利信息分析系统由国家知识产权局知识产权出版社开发，是对专利信息分析的要素进行定性、定量分析研究的信息分析软件。PIAS 系统兼容"七国两组织"（中国、美国、日本、德国、英国、法国、瑞士、欧洲专利局和世界知识产权组织）的专利数据，在此基础上建立的专利信息专题数据库，具有统一的数据格式。系统包含专利信息的采集、加工、管理、检索与分析等主要功能。PIAS 主要包括主题管理、数据管理、分析管理和系统管理等功能模块。

PIAS 系统登录后界面（如图 2-70 所示）：

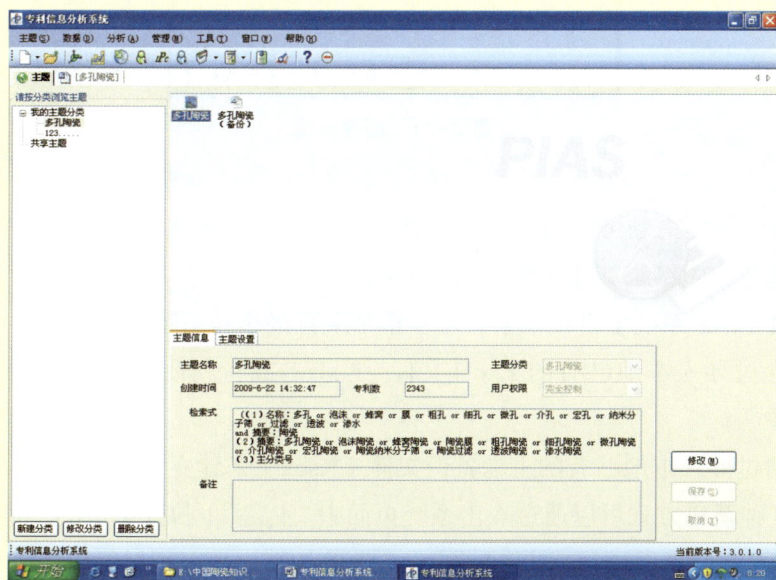

图 2-70　PIAS 专利信息分析系统界面

2.4.2　主题和分类管理

PIAS 采用主题式管理，并提供满足用户个性化需求的管理方式。在标引、分析数据之前，先要连接"国家知识产权局官方网站"数据库检索专利数据或以导入等方式建立主题。

（1）新建主题和分类

在新建主题之前，用户需要先新建分类，类似于建立一个文件夹。

在图 2-70 所示的系统启动界面中，右键单击"我的主题分类"，选择"新建分类"，或者直接点击界面下方"新建分类"按钮，如图 2-71 所示，输入分类名称和分类说明后，点击"新建"，创建一个新的分类。分类名称不可重复。

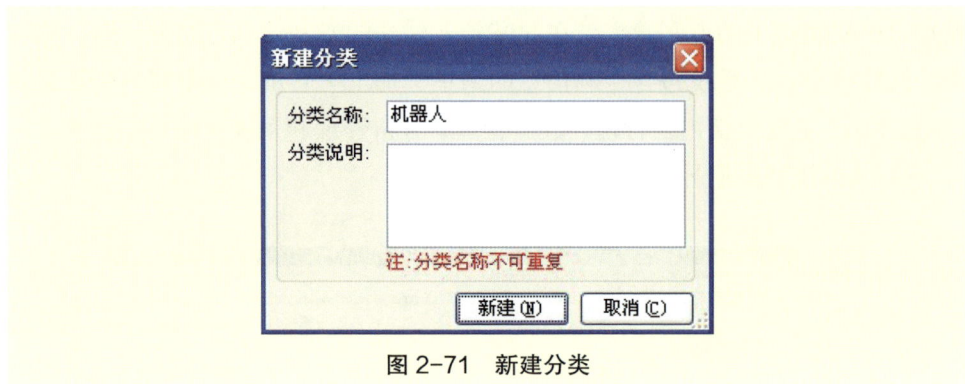

图 2-71　新建分类

主题 / 新建主题可以通过以下 3 种方式实现：检索结果、数据文件和主题备份。通过检索结果新建主题介绍如下：

①在 PIAS 系统中直接检索，用检索结果直接建立主题；

②通过导入本地已有的 Excel 文件（*.xls）或专利数据文件（*.trs）来建立一个主题；

③通过导入本地已有的主题备份文件（*.sbk）来建立一个新主题。

这 3 种新建方式可以通过点击系统页面中"主题"下拉菜单中的"新建主题"实现。打开主题可以通过点击"主题"→"打开主题"，也可用鼠标双击主题图标。关闭主题可以点击"主题"→"关闭主题"，或者单击主题列表右上方的关闭按钮，关闭当前主题。

主题 / 新建主题 / 检索结果是通过对系统数据库进行检索后，将检索结果建立一个全新的主题。PIAS 提供两种检索功能：表格检索和逻辑检索。

（2）删除主题和分类

主题分类和主题都可以进行删除及合并。由于主题依附于分类而存在，所以当一个分类下有主题时，该分类不能被直接删除，以避免分类下的主题被意外删除。删除主题操作可以通过点击"主题"→"删除主题"来实现，也可以通过鼠标右击该主题的图标来实现。删除分类可以通过鼠标右击该分类来实现。

（3）合并主题和分类

PIAS 内的主题，可以依据用户的需求将两个或两个以上的主题合并成为一个新主题，以便进行综合分析。合并的方法可以通过"主题 / 合并主题"来实现。

（4）表格检索

表格检索提供 18 个检索著录项入口，各入口均具备简单逻辑运算功能，依据在不同检索项输入的检索条件，在系统数据库内检索出所需求的数据。

表格检索提供多著录项检索，所有检索著录项内均支持逻辑关系运算，逻辑关系包括：and（与）、or（或）、not（非）。

组合逻辑提供不同著录项之间的逻辑关系运算，逻辑关系包括：and（与）、or（或）、not（非）。

各检索著录项均支持模糊检索，同时支持中英文的混合检索。

将鼠标放置在检索著录项输入框中，即可显示相应的使用提示（图 2-72）。

图 2-72　表格检索

（5）逻辑检索

逻辑检索提供 8 种逻辑关系：and（与）、or（或）、not（非）、xor（逻辑异或）、adj（两者邻接，次序有关）、equ/n [两者相隔 n 个字，次序有关（默认相隔 10 个字)]、xor/n [两者在 n 个字之内不能同时出现 (默认相隔 10 个字)]、pre/n [两者相隔至多 n 个字，次序有关 (默认相隔 10 个字)]。

必须同时满足的若干检索要求，相互间为 "and" 关系；至少满足其中之一的若干检索要求，相互间为 "or" 关系；在一个条件中要排除另一个条件的检索要求，相互间为 "not" 关系。依据输入的检索条件，可在系统数据库内检索出所需求的数据 (图 2-73)。

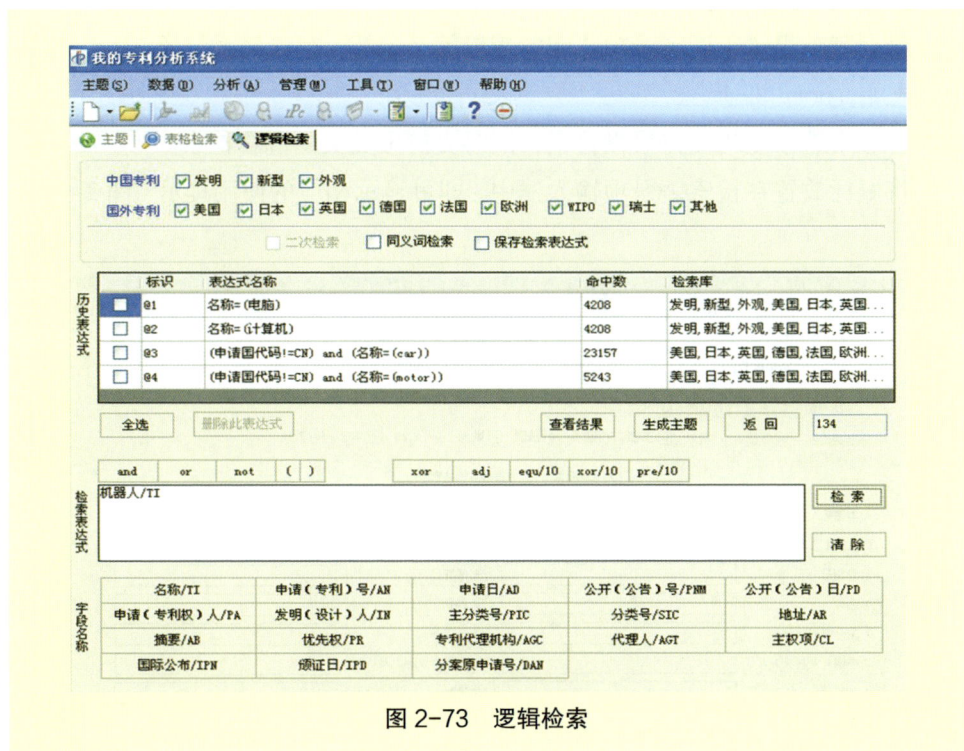

图 2-73 逻辑检索

通过表格检索或逻辑检索进行检索后，点击 "查看结果"，显示检索结果列表，系统支持每页显示 100 条 (图 2-74)。

在图 2-74 所示的界面中点击 "二次检索"，可在所得到的检索结果中进行二次检索。

点击 "生成主题"，可将检索结果生成主题。

点击 "上一页" "下一页"，可进行翻页，或者通过输入数字直接跳转到某页。

选择 "工具" 菜单中的 "自定义显示字段"，可以设定显示字段的个数。

图 2-74　检索结果列表

点击列表标题栏可以进行排序，并可调节字段宽度。

双击单条记录后显示如图 2-75 所示界面，可以查看该条专利的详细著录项目信息和说明书原文（如果该条专利没有说明书原文，将提示"图像不存在"）。

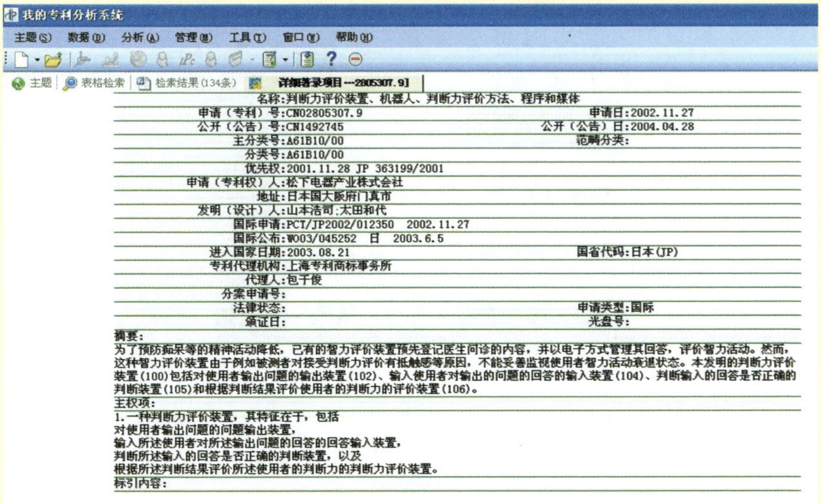

图 2-75　详细著录项目信息

2.4.3 数据管理

数据管理模块是帮助用户将中心资源站点、企业内部专利检索平台、国家知识产权局、美国专利商标局、欧洲专利局、日本特许厅的专利数据下载到本系统的数据库中。

（1）中心资源站点

中心资源站点的会员可以通过该系统直接进行检索和下载。

（2）企业内部专利检索平台

用户可以通过企业内部专利检索平台对企业内部的专利进行检索和下载（图2-76）。

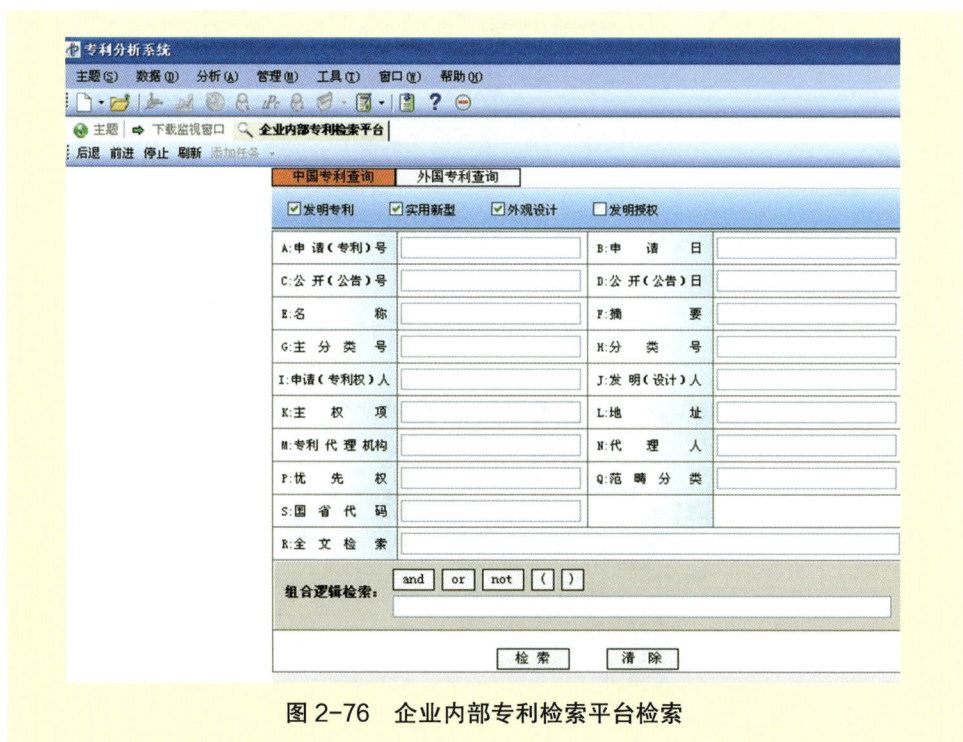

图 2-76　企业内部专利检索平台检索

（3）国家知识产权局

用户可以通过国家知识产权局对中国专利进行检索和下载（图2-77）。

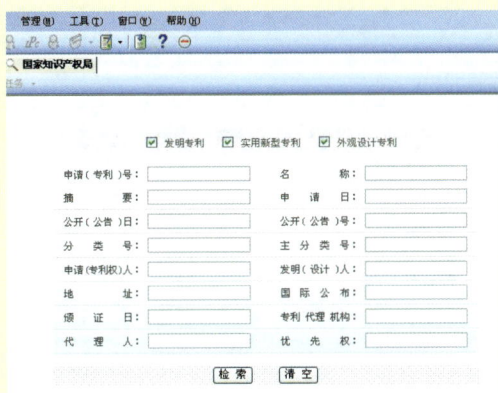

图 2-77　国家知识产权局检索

（4）美国专利商标局

用户可以通过本系统直接连接到美国专利商标局，将美国专利数据下载到本系统的数据库中。

（5）欧洲专利局

用户可以通过本系统直接连接到欧洲专利局，将专利数据下载到本系统的数据库中。

注：由于欧洲专利局网站限制，仅能显示并下载检索结果的前 500 条。

（6）日本特许厅

用户可以通过本系统直接连接到日本特许厅，将专利数据下载到本系统的数据库中。

注：由于日本特许厅网站限制，仅能显示并下载检索结果的前 1000 条。

（7）浏览下载任务

选择"数据"菜单下的"浏览下载任务"，将显示下载监视窗口界面（图2-78），各选项的功能说明如下。

开始下载：将下载任务添加到下载列表后，选择一条或多条数据，点击"开始下载"→"选中任务"，或者右键单击选定的数据，选择"开始"，系统开始下载选中的条目到指定主题中；点击"开始下载"→"全部任务"或右键单击选择"开始全部"，系统开始下载列表中的所有条目到指定主题中。

删除：只有当所有下载任务都停止时，才能实现删除功能。选择一条或多

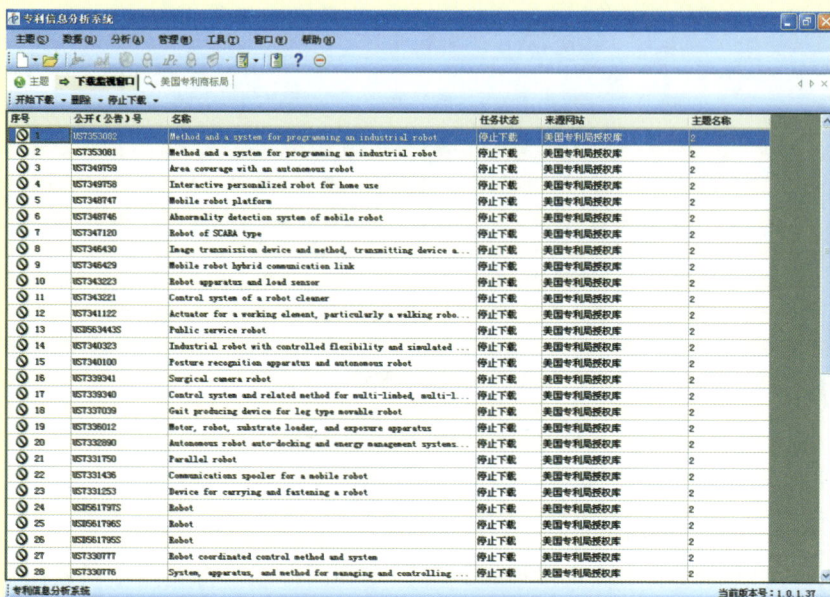

图 2-78　下载监视窗口

条数据，点击"删除"→"选中任务"，或者右键单击选定的数据，选择"删除"，系统将删除选定的下载任务；点击"删除"→"全部任务"或右键单击选择"全选"后右键单击选择"删除"，系统将删除下载列表中的所有任务；点击"删除"→"已完成任务"或右键单击选择"删除已完成任务"，系统将删除已经下载完成的任务。

停止下载：选择一条或多条正在下载的数据，点击"停止下载"→"选中任务"或右键单击选定的数据，选择"停止"，系统将停止正在下载的选定条目；点击"停止下载"→"全部任务"或右键单击选择"停止全部"，系统将停止正在下载的所有条目。

2.4.4　分析管理

PIAS 系统的专利分析功能包括自定义分析、总体趋势分析、区域分析、申请人分析、IPC 分析、发明人分析、专项分析和分析报告等多种功能，简要介绍如下。

区域分析包括区域趋势分析、区域构成分析、区域 IPC 构成、区域申请人构成。

申请人分析包括申请人趋势分析、申请人构成分析、申请人区域构成、申请人 IPC 构成、申请人综合比较、申请人阶段性排行榜分析。

IPC 分析包括 IPC 趋势分析、IPC 构成分析、IPC 区域构成、IPC 申请人构成、IPC 发明人构成。

发明人分析包括发明人趋势分析、发明人构成分析、发明人区域构成、发明人 IPC 构成。

专项分析包括中国专项分析和美国引证分析。中国专项分析又分为专利类型分析、申请类型分析、国省分布状况、代理机构分析、法律状态分析、总体报表。

分析报告包括中国专利分析报告、公司专利分析报告、产品专利分析报告。

（1）自定义分析

自定义分析使用户可以对任意不同专利著录要素和标引信息进行交叉组合分析。其中，条件1、条件2和条件3均可选择包括申请年、公开年、申请人、发明人、区域、国际主分类 – 部、国际主分类 – 大类、国际主分类 – 小类、国际主分类 – 大组9个著录要素和用户自定义的标引信息。

（2）总体趋势分析

总体趋势分析可以帮助企业了解某种产品、技术的市场竞争状况，掌握其总体发展趋势状况，揭示其所处行业领域的地位，了解并预测产品及其技术的未来发展趋势，为投资决策提供重要参考依据。

了解行业技术领域的总体发展趋势。针对所分析的主题，揭示历年专利申请情况，掌握技术发展趋势。同时利用申请日、公开日及综合分析，了解该技术领域的专利审查周期。默认显示图形为折线图（图 2-79）。

（3）区域分析

企业欲以某种产品、技术参与不同国家和地区的市场竞争，必须了解其区域性竞争状况及消费需求。而这些需求往往通过申请人、专利申请量，以及产品、技术的某些技术特征来体现。因此，通过专利信息的区域分析，可以了解行业发展的重点区域、不同区域内专利研发的重点方向和各区域之间技术的差异性、不同区域内专利技术的主要竞争者（申请人）和发明人。

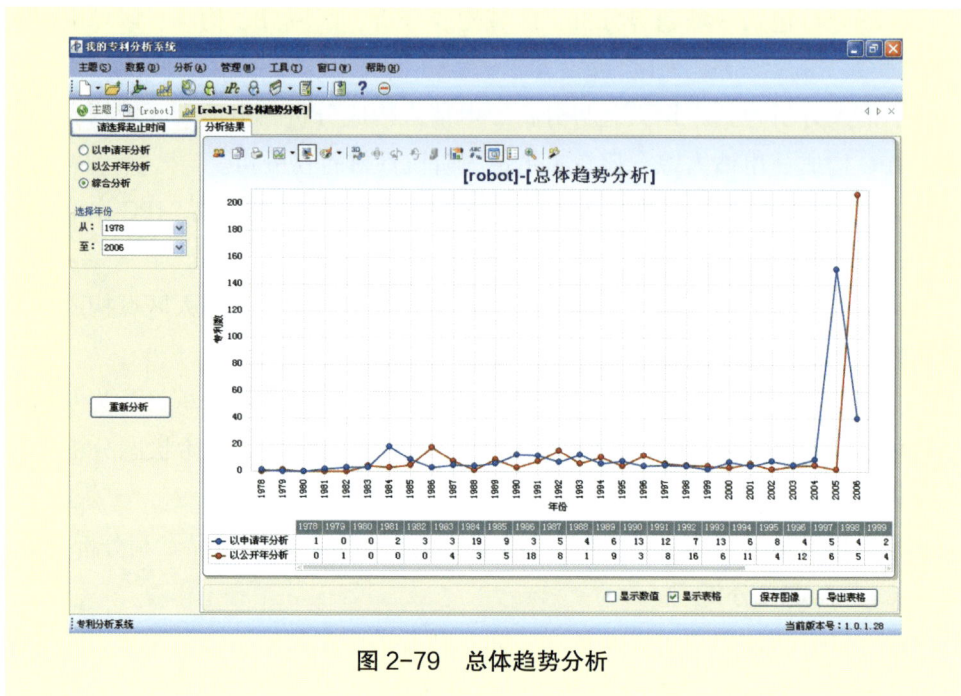

图 2-79　总体趋势分析

区域分析包括区域趋势分析、区域构成分析、区域 IPC 构成、区域申请人构成。

1）区域趋势分析

了解一个特定时期内目标区域的技术衍变过程和变化周期。针对目前分析的主题，揭示各个区域在该技术领域历年专利申请情况，随特定时期阶段的技术发展变化。默认显示图形为折线图。

2）区域构成分析

了解区域竞争的总体状况。针对目前分析的主题，以申请人申请区域为基础，了解该技术领域的重要竞争区域、区域的技术研发实力和重视专利申请的程度。默认显示图形为饼图（图 2-80）。

3）区域 IPC 构成

了解目标区域技术构成及技术的周期性变化，了解形成这种变化的主要技术因素，以便从中找出阶段性关键技术。了解各区域重点技术研发方向和各区域之间技术的差异性。针对目前分析的主题，揭示各个区域在该技术领域关键

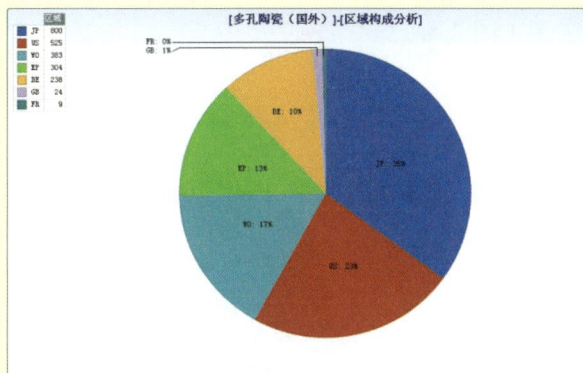

图 2-80 区域构成分析

技术的专利申请发展情况。默认显示图形为三维柱图。

4）区域申请人构成

了解关键技术掌控在哪些申请人手中，对比目标区域申请人之间的技术差异。针对目前分析的主题，揭示各个区域内申请人在该技术领域关键技术的专利申请发展情况。默认显示图形为三维柱图。

（4）申请人分析

行业竞争决定于行业的供方、买方、竞争者、新进入者和替代产品，不同的企业提供的产品技术不同，决定了其在行业中扮演的角色也不同，为自身经济利益保护的专利类别也各不相同。因此，进行目标技术领域的申请人分析，了解行业竞争体系及其状况，有利于企业分析竞争环境，制定竞争策略和与之相关的专利战略。

申请人分析包括申请人趋势分析、申请人构成分析、申请人区域构成、申请人 IPC 构成、申请人综合比较、申请人阶段性排行榜分析。

1）申请人趋势分析

了解一个特定时期目标申请人的申报技术类型区别、技术衍变过程和变化周期。针对目前分析的主题，揭示各个申请人在该技术领域历年专利申请情况，随特定时间段的技术发展变化趋势。默认显示图形为折线图。

2）申请人构成分析

了解申请人竞争的总体状况。针对目前分析的主题，以申请人为基础，了解该技术领域的主要申请人、各申请人的技术研发实力和重视专利申请的程度。默认显示图形为饼图（图 2-81）。

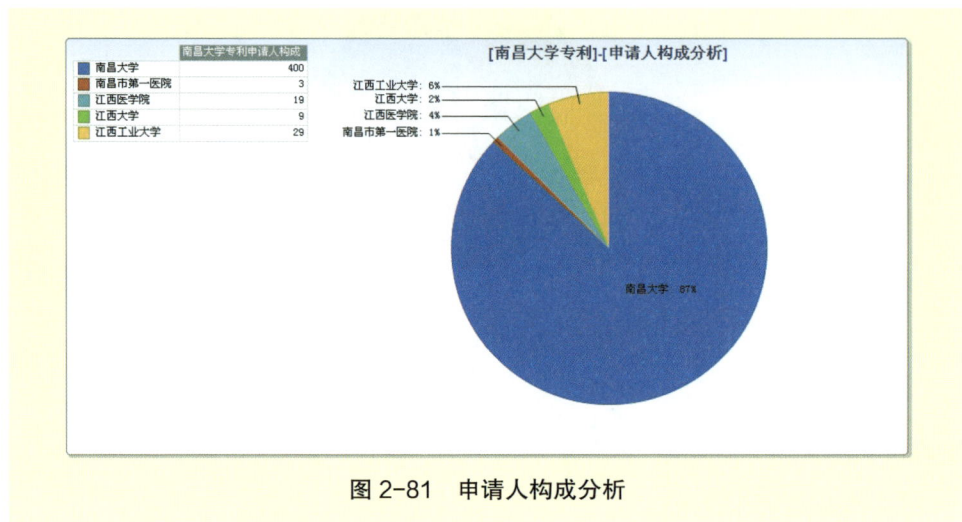

图 2-81　申请人构成分析

3）申请人区域构成

了解行业内申请人各自关注的竞争区域情况。针对目前分析的主题，揭示不同申请人在该技术领域专利申请的侧重区域和对比情况。默认显示图形为三维柱图。

4）申请人 IPC 构成

了解关键技术掌控在哪些申请人手中，对比目标区域内申请人之间的技术差异。针对目前分析的主题，揭示各个区域申请人在该技术领域关键技术的专利申请发展情况。默认显示图形为三维柱图（图 2-82）。

5）申请人综合比较

了解目标申请人的技术研发实力情况。针对目前分析的主题，揭示各个申请人在该技术领域专利研发实力等详细数据信息，包括专利所属国家、专利件数、占本主题专利百分比和申请人研发能力比较等。默认显示方式为表格。

6）申请人阶段性排行榜分析

了解行业内申请人的阶段性排行、申请实力变化情况。针对目前分析的主题，揭示不同申请人在阶段年前后的申请或公开排名对比情况。默认显示方式为表格。

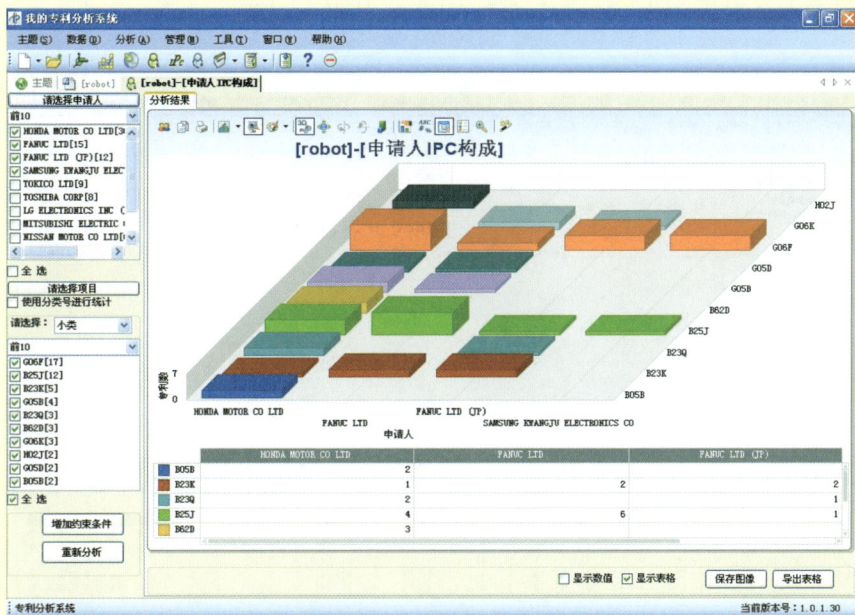

图 2-82　申请人 IPC 构成

（5）IPC 分析

企业涉足某种产品、技术的市场竞争，必须了解其技术发展变化趋势及影响这些变化的技术因素，这些不同因素在不同区域的差别，这种差别源自于哪些发明人。因此，进行产品、技术的发展及衍变趋势的分析能够帮助企业了解竞争的技术环境，增强技术创新的目的性。

IPC 分析包括 IPC 趋势分析、IPC 构成分析、IPC 区域构成、IPC 申请人构成、IPC 发明人构成。

1）IPC 趋势分析

了解目标技术领域的衍变过程和变化周期，并对指定时期该技术领域的技术衍变过程进行全过程描述。针对目前分析的主题，揭示不同技术领域历年专利申请情况。默认显示图形为折线图（图 2-83）。

2）IPC 构成分析

了解目标技术领域的具体构成情况。针对目前分析的主题，揭示不同目标技术领域的专利申请情况。默认显示图形为饼图（图2-84）。

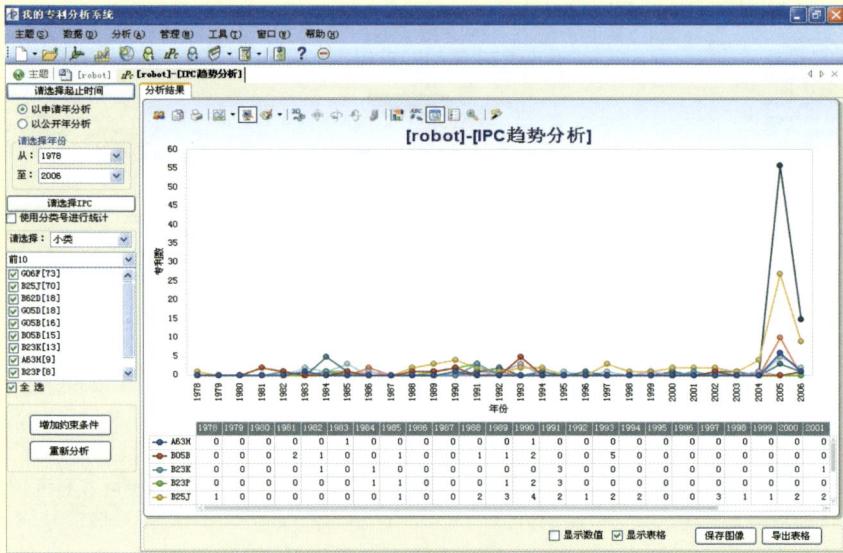

图 2-83　IPC 趋势分析

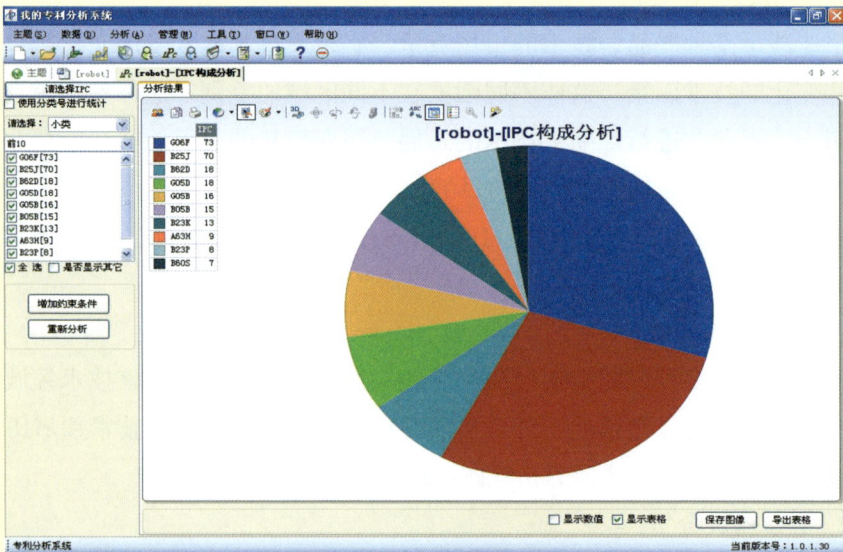

图 2-84　IPC 构成分析

3）IPC 区域构成

了解不同时期各国家和地区关键技术构成的差异及其变化周期。针对目前分析的主题，揭示目标技术领域在不同区域的专利申请情况。默认显示图形为三维柱图。

4）IPC 申请人构成

了解关键性技术的掌控者，并进行技术细节方面的差异性比较。了解不同时期各国家和地区关键技术构成的差异及其变化周期。针对目前分析的主题，揭示目标技术领域不同申请人的专利申请情况。默认显示图形为三维柱图。

5）IPC 发明人构成

了解关键技术的发明人，并进行特长分析。针对目前分析的主题，揭示目标技术领域不同发明人的专利发明情况。默认显示图形为三维柱图。

（6）发明人分析

发明人是技术的来源，了解发明人对于企业技术创新特别是技术合作具有重大意义。围绕某一核心技术，往往会衍生很多相关技术，表面上这些技术与核心技术之间未必有直接联系，但却对核心技术的效能会产生很大的支撑作用，而通过发明人，这些不同类型的技术往往会产生某种关联。

发明人分析包括发明人趋势分析、发明人构成分析、发明人区域构成、发明人 IPC 构成。

1）发明人趋势分析

了解不同时期发明人的活动状况。针对目前分析的主题，揭示不同发明人在该技术领域历年专利发明情况。默认显示图形为折线图。

2）发明人构成分析

了解发明人发明的总体状况。针对目前分析的主题，以发明人为基础，了解该技术领域的主要发明人和各发明人的主要技术领域。默认显示图形为饼图（图 2-85）。

3）发明人区域构成

了解发明人发明活动的主要区域。针对目前分析的主题，揭示不同发明人发明活动在不同区域的申请情况。默认显示图形为三维柱图。

4）发明人 IPC 构成

了解发明人发明活动的主要技术领域。默认显示图形为三维柱图。

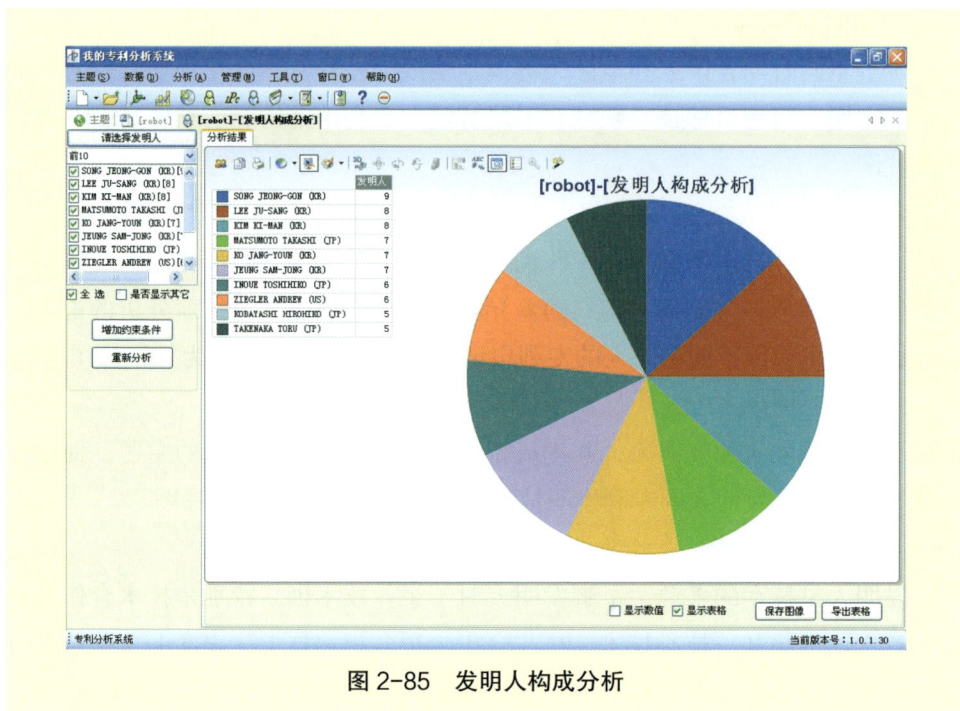

图 2-85 发明人构成分析

（7）专项分析

本部分主要包括针对中国专利的中国专项分析和针对美国专利的美国引证分析。其中，中国专项分析包括专利类型分析、申请类型分析、国省分布状况、代理机构分析、法律状态分析、总体报表。

注：中国专项分析只适用于分析中国专利，美国引证分析只适用于分析包含引证数据的美国专利。

以下介绍中国专项分析。

1）专利类型分析

了解中国区域不同专利类型，如发明专利、实用新型专利、外观设计专利的构成情况。默认显示图形为饼图（图 2-86）。

2）申请类型分析

了解中国区域不同申请类型，如国际申请专利和国家申请专利的构成情况。默认显示图形为饼图（图 2-87）。

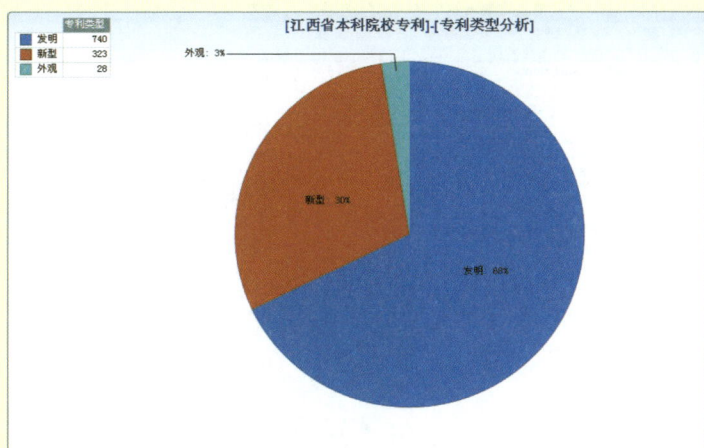

图 2-86　专利类型分析

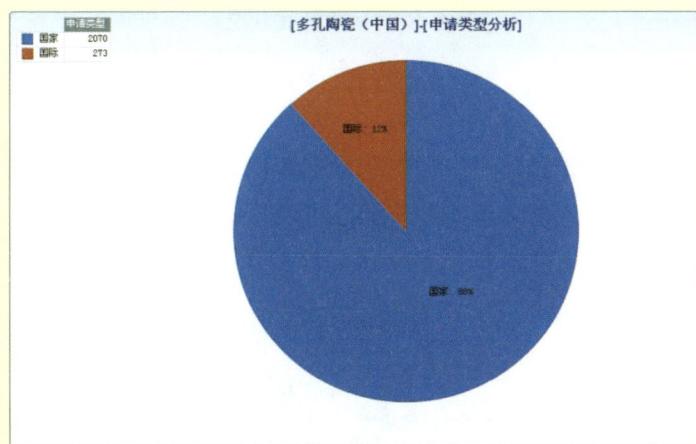

图 2-87　申请类型分析

3）国省分布状况

国省分布状况主要体现了中国专利数据内国内、国外专利权人的地区构成比例。默认显示图形为饼图（图 2-88）。

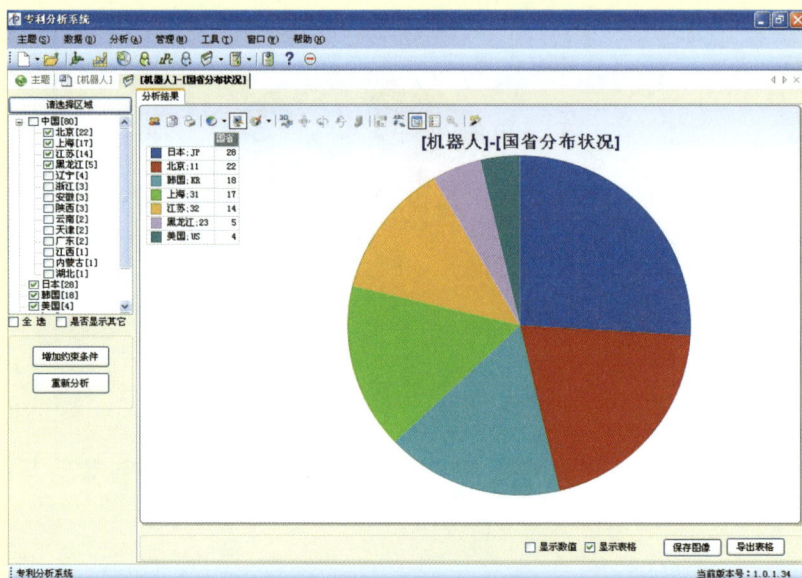

图 2-88　国省分布状况

4）法律状态分析

法律状态分析主要体现了中国专利数据库内专利的法律状态（公开、授权、无效）情况。默认显示图形为饼图（图 2-89）。

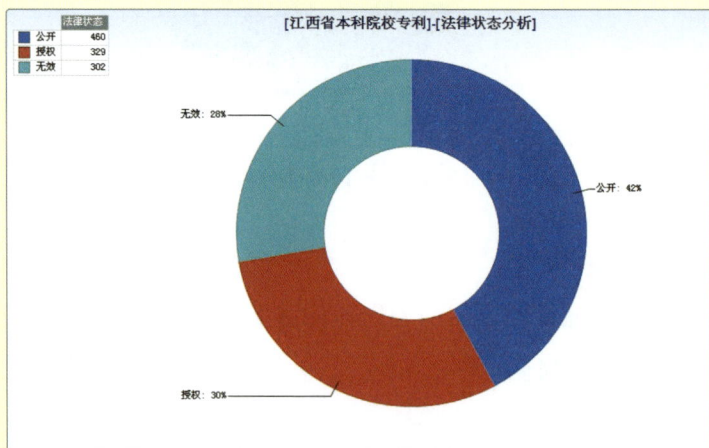

图 2-89　法律状态分析

5）总体报表

总体报表主要体现了中国专利数据库内各国省专利的总体状况。默认显示方式为表格（图 2–90）。

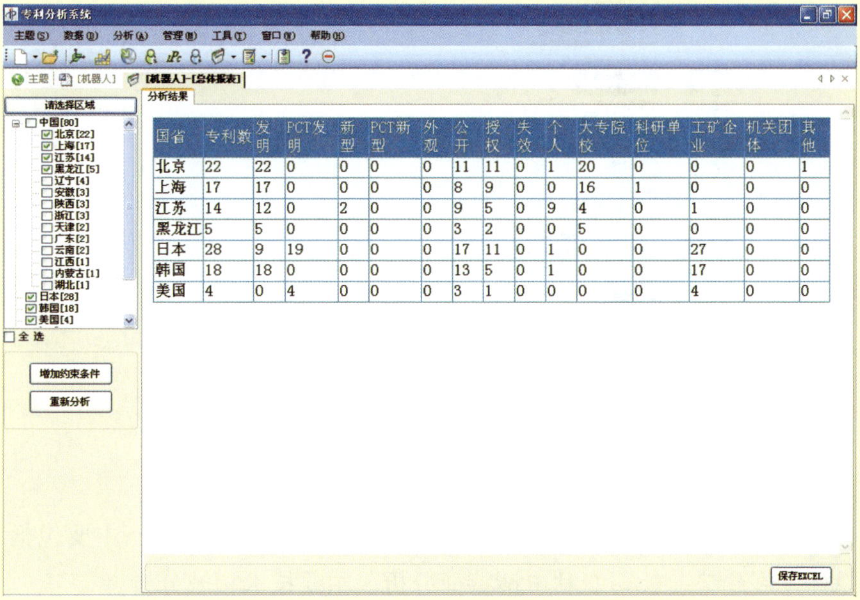

国省	专利数	发明	PCT发明	新型	PCT新型	外观	公开	授权	失效	个人	大专院校	科研单位	工矿企业	机关团体	其他
北京	22	22	0	0	0	0	11	11	0	1	20	0	0	0	1
上海	17	17	0	0	0	0	8	9	0	0	16	1	0	0	0
江苏	14	12	0	2	0	0	9	5	0	9	4	0	1	0	0
黑龙江	5	5	0	0	0	0	3	2	0	0	5	0	0	0	0
日本	28	9	19	0	0	0	17	11	0	1	0	0	27	0	0
韩国	18	18	0	0	0	0	13	5	0	1	0	0	17	0	0
美国	4	0	4	0	0	0	3	1	0	0	0	0	4	0	0

图 2–90　总体报表

（8）分析报告

分析报告是将专利分析的结果以专利分析报告的方式来展示。系统根据分析目的的不同，提供了 3 个基本的模板，用户可按自己的需要进行选择，也可在模板的基础上进行修改。每一个分析报告模板主要包括课题背景、专利分析和综合评述 3 个部分。其中，用户需要设置的是专利分析部分的各项。

分析报告包括中国专利分析报告、公司专利分析报告、产品专利分析报告。

1）中国专利分析报告

中国专利分析报告是针对中国专利而设置的分析报告模板，主要包括专利申请总体发展趋势、专利申请特征分析、主要技术领域分析、主要竞争者分析（图 2–91）。

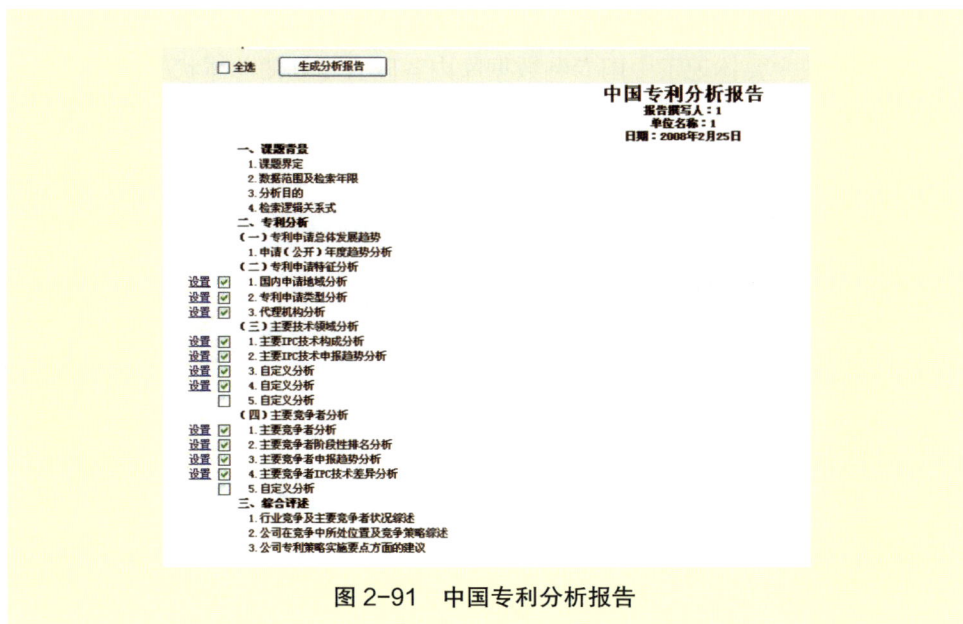

图 2-91　中国专利分析报告

2）公司专利分析报告

公司专利分析报告是针对公司专利而设置的分析报告模板，主要包括专利申请总体发展趋势、公司专利申请特征分析、主要技术领域分析。

3）产品专利分析报告

产品专利分析报告是针对产品专利而设置的分析报告模板。主要包括专利申请总体发展趋势、专利申请区域分析、主要技术领域分析、主要竞争者分析。

2.4.5　系统管理

系统管理模块包括申请人管理、标引管理和字段统计。

（1）申请人管理

申请人管理是对申请（专利权）人名称的统一修正 [原始专利数据加工过程中的错误，或者申请（专利权）人名称的改变、从属公司、关系企业等应视为同一申请（专利权）人来分析]，以使专利信息分析更加准确。在进行专利分析前，建议先进行主题申请（专利权）人合并。

（2）标引管理

专利标引是针对专利数据进行的深加工，可以使普通的专利信息上升为有价值的专利情报。

标引是遵循确定的标引规则和规范的词表来提取专利文献的有效信息，对原始数据进行加工，建立相关数据库，从而提高文献检索的效率和准确性。经过标引加工的数据，能够有效地弥补专利数据由于分类偏差和语言表述不一致产生的漏检问题。

用户可以根据自身的需要将专利不同方面的性质进行抽象、归纳、总结，可以从产品、用途、原理、材料、结构和加工等几个方面来考虑重要专利的内容，并将专利按照内容的异同分类，如表 2-3 所示。

表 2-3 PIAS 标引项／标引词举例

标引项	标引词
材料	成分、原料、元素、物质、合金
产品	物品、工具、设备、装置、制品
效果	性能、效率、特性、速度、程度
结构	结构、构造、电路、
处理	温度、时间、压力、热量、周期
加工	工艺、方法、手段、过程、组合
用途	部门、对象、种类、形式、
种类	发明、实用、外观

标引项和标引词设置：可以添加、修改和删除标引项，可以添加、修改和删除标引词。在自定义标引数据之前，要先添加标引项和标引词。

注意：删除标引词之前，该标引词要没有关联的专利数据；删除标引项之前，该标引项下要没有关联的标引词。

（3）字段统计

字段统计可以帮助用户对主题内专利数据所包括的字段进行数量统计，分为字段缺省统计和字段数量统计。可用来查找一些专利著录项目不完全的专利。

2.5　incoPat 科技创新情报平台

2.5.1　工具介绍

incoPat 科技创新情报平台是北京合享智慧科技有限公司开发的专利分析工具，是将全球顶尖的发明智慧深度整合，并将数据翻译为中文，为企业决策者、研发人员、知识产权管理人员提供科技创新情报的专利信息平台。

incoPat 目前收录了全球 102 个国家、组织或地区，超过 1 亿件的专利文献，数据采购自官方和商业数据提供商，并且将专利著录信息、法律、运营、同族、引证等信息进行了深度加工及整合，每周至少动态更新 3 次。

对于法律和运营数据收录的范围包括：

①中国、美国、日本的诉讼数据；

②中国和美国的转让数据；

③中国的许可、质押、复审无效数据。

此外，对于中文专利，incoPat 收录了中文和英文的著录信息；非中文专利不仅收录了英文著录信息、部分小语种的标题和摘要信息，还对英文标题和摘要预先机器翻译成了中文，从而实现了中英文检索和浏览全球专利，有助于用户提高检索和阅读的效率。

2.5.2　专利检索

incoPat 目前提供了 7 种检索入口，分别是简单检索、高级检索、批量检索、引证检索、法律检索、语义检索和扩展检索。

（1）简单检索

简单检索是一种较模糊的检索方式，输入所需检索的信息即可实现同时对多个字段的检索。incoPat 可分别对中国专利（包括港澳台专利）和国外专利实现简单检索。

（2）高级检索

高级检索入口不仅可以实现准确字段的检索，而且字段内部及字段间可以实现逻辑运算，从而编写复杂的检索式。高级检索界面如图 2-92 所示，分为选择数据库、表格检索、指令检索 3 个功能区域。

图 2-92　incoPat 高级检索

在选择数据库区域，incoPat 不仅将专利申请国家和地区进行了区分，而且对专利的类型和文本进行了区分。例如，对于中国专利，"中国发明申请"数据库收录的是发明专利的申请公开文本，"中国发明授权"数据库收录的是发明专利的授权公告文本。因此，如果希望检索结果中一件专利仅出现一种文本，在选择数据库时可以只勾选其中之一。

在表格检索区域，选择指定的字段输入检索要素即可实现检索，各按钮功能如图 2-93 所示。

图 2-93　incoPat 表格检索的功能说明

在指令检索区域，可以自行编辑逻辑关系较为复杂的检索式，各按钮功能如图 2-94 所示。

在"字段代码说明"界面中，可以查看 incoPat 提供的全部 220 个字段说明及检索样例，包含技术、公司 & 人、地域、分类、日期、法律、引证、同族等类别。

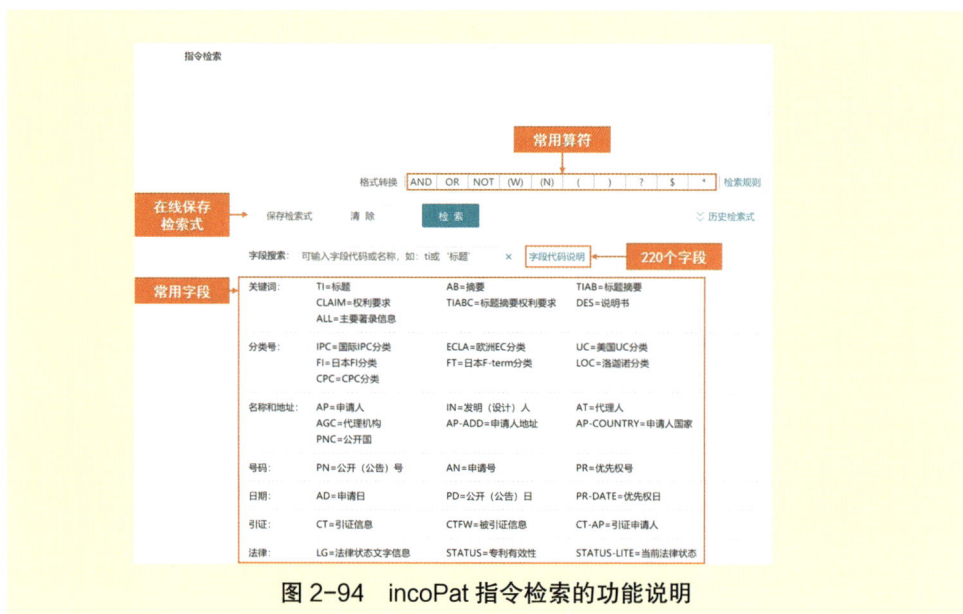

图 2-94　incoPat 指令检索的功能说明

（3）批量检索

批量检索界面如图 2-95 所示，可以实现一次输入 500 个号码进行检索，或者输入 100 个号码提取 PDF 格式的专利说明书，支持的号码格式包括公开（公告）号、申请号、优先权号和所有号码。

（4）引证检索

引证检索入口主要用于检索专利与专利间的前后引证关系。在引证检索界面，可以通过表格检索特定专利或申请人的专利引证和被引证数据，也可以通过指令检索其他的引证信息，如 2-96 所示。

图 2-95　incoPat 批量检索

图 2-96　incoPat 引证检索

（5）法律检索

法律检索入口包含 6 个子入口，分别为法律状态检索、专利诉讼检索、中国专利许可检索、专利转让检索、中国专利质押检索和中国复审无效检索。

如图 2-97 所示，在法律状态检索入口可检索 3 种不同细致程度的法律状态信息：

①检索法律状态全文包含的文字信息；

②检索专利的有效性，包含有效（获得授权且法律状态全文未公布失效）、审中和失效 3 种状态；

③检索中国专利当前的详细法律状态。

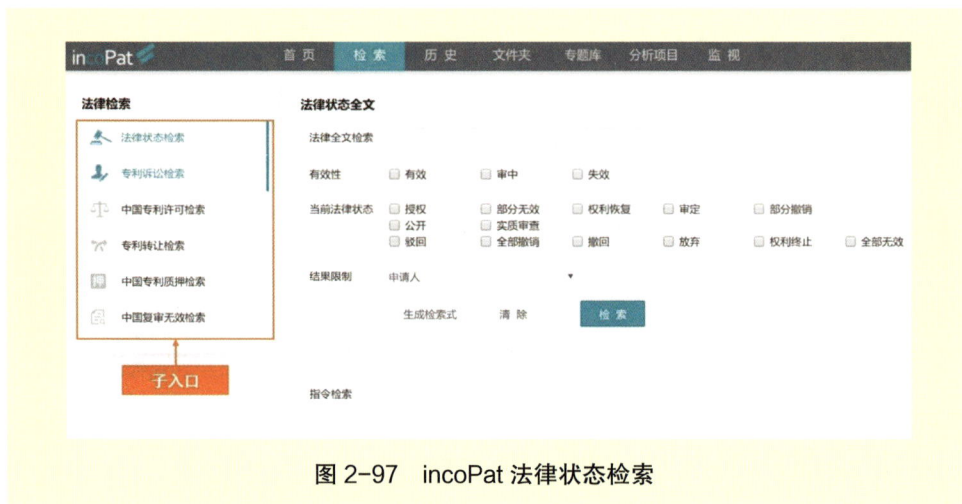

图 2-97　incoPat 法律状态检索

如图 2-98 所示，在专利诉讼检索入口可以检索中国、美国、日本的诉讼数据，将诉讼当事人、法律文书内容、裁决发生地等信息与专利基本著录信息进行联合检索。

如图 2-99 所示，在中国专利许可检索入口可以检索在国家知识产权局进行许可备案的数据，将许可人、被许可人等信息与专利基本著录信息进行联合检索。

图 2-98　incoPat 专利诉讼检索

图 2-99　incoPat 中国专利许可检索

如图 2-100 所示，在专利转让检索入口可以检索中国和美国专利的转让数据，将转让人、受让人等信息与专利基本著录信息进行联合检索。

如图 2-101 所示，在中国专利质押检索入口，可以检索国家知识产权局登记的质押信息，将出质人、质权人等信息与专利基本著录信息进行联合检索。

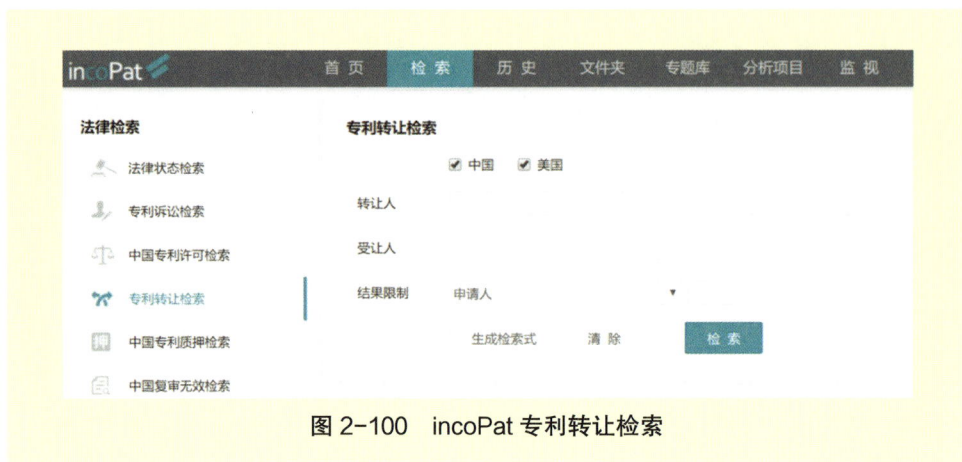

图 2-100　incoPat 专利转让检索

图 2-101　incoPat 中国专利质押检索

　　如图 2-102 所示，在中国复审无效检索入口，将复审申请和无效宣告申请进行了区分，可以通过申请人、决定全文等信息与专利基本著录信息进行联合检索。

　　（6）语义检索

　　语义检索界面如图 2-103 所示，输入专利公开（公告）号或一段文字，系统可根据语义算法模型自动匹配出一些相关度较高的专利，无须花费较多时间选择检索关键词及编写检索式，是查新和宣告无效检索的一种较好辅助手段。

图 2-102　incoPat 中国复审无效检索

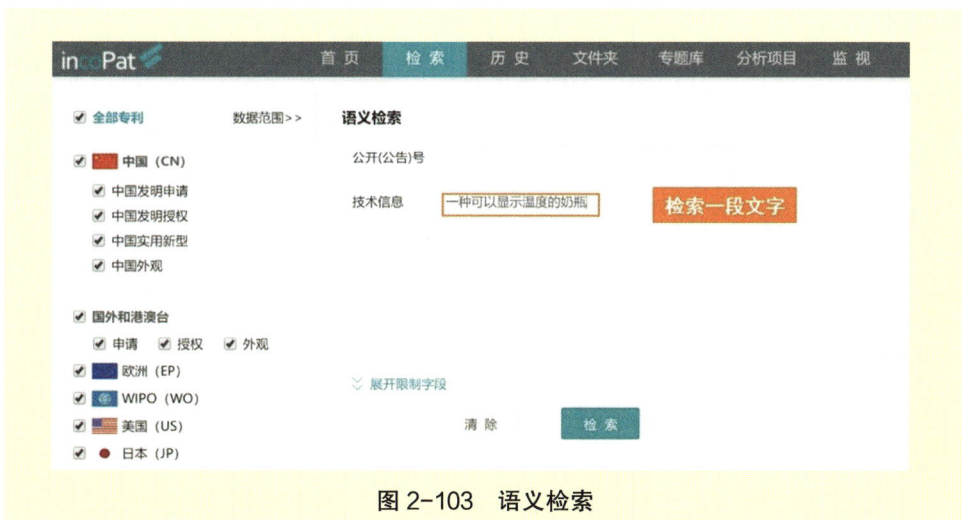

图 2-103　语义检索

（7）扩展检索

扩展检索界面如图 2-104 所示，输入专利公开（公告）号或一段文字，系统会提取出一批关键词，并列出这些关键词的扩展相关词（包含同义词、近义词、关联概念、上下位概念等），供用户选取编写检索式。

图 2-104　扩展检索

在使用扩展检索时，用户把需要检索的词添加到选中区，并选择所需检索的字段，点击生成逻辑检索式后，用户可进一步编辑逻辑检索式，或者直接对逻辑检索式进行检索。

（8）辅助查询工具

incoPat 提供了申请人、IPC 分类、洛迦诺分类、相关词、国别代码和省市代码等辅助查询工具，下面将对几种常用的工具进行介绍。

1）申请人辅助查询工具

为帮助用户查全申请人的全部专利，incoPat 对超过 1 万家公司的中文和英文名称进行了梳理，并提供了申请人辅助查询工具。

如图 2-105 所示，在申请人辅助查询工具中，用户可使用申请人名称的中文或英文关键词查找相关名称，然后选择指定的名称在申请人和受让人字段中检索。

2）IPC 分类、洛迦诺分类辅助查询工具

IPC 分类是对发明专利和实用新型专利的分类，洛迦诺分类是对外观设计专利的分类。

如图 2-106 所示，在 IPC 分类、洛迦诺分类辅助查询工具中，可通过分类号查找到相应的中文说明，通过中文关键词查找到相应的分类号。

图 2-105　申请人辅助查询工具

图 2-106　IPC 分类辅助查询工具

3）相关词辅助查询工具

为帮助用户编写检索式时进行词汇扩展，incoPat 对专利中的词汇进行了抽取及语义关联，提供了相关词辅助查询工具。

如图 2-107 所示，在相关词辅助查询工具中，可以输入关键词查找其相关的词汇（包含同义词、近义词、上下位概念或相关概念等），用于选取编写检索式。

图 2-107　相关词辅助查询工具

2.5.3　专利分析

incoPat 可对批量数据进行统计和聚类分析，对单件专利进行引证分析。其中，引证分析的功能按钮位于专利详览页面，统计分析和聚类分析的功能按钮位于检索结果显示界面，位置如图 2-108 所示。

图 2-108　统计分析和聚类分析

（1）统计分析

统计分析主要是对专利的常用著录信息进行量化统计，并将分析结果以图表形式展示出来。

在专利统计分析界面，用户不仅可以点击左侧的常用分析模板进行快捷的数据查看，也可以自定义分析维度、字段及数据范围。此外，还可以将统计分析的原始数据添加到分析项目，从而进行统一的在线保存或导出。

统计分析界面如图 2-109 所示。

图 2-109　统计分析

（2）聚类分析

聚类分析是基于语义算法，提取专利标题、摘要和权利要求里的关键词，根据语义相关度聚类出不同类别的主题，从而进行个性化的技术类别分析。

聚类分析的结果有地图、分子图和矩阵 3 种呈现方式，其中：

①聚类地图的颜色深浅代表专利密集程度，既可以使用"刷子"和"铅笔"工具选择指定区域进行专利统计（图 2-110），又可以按照不同统计类别在专利地图上呈现相应专利数据点。

②聚类分子图中的圆圈大小代表不同聚类主题专利数量的多少，一个圆点代表一件专利，与地图方式类似，可以根据不同类别进行统计，并在图中呈现，如图 2-111 所示。

图 2-110　聚类地图

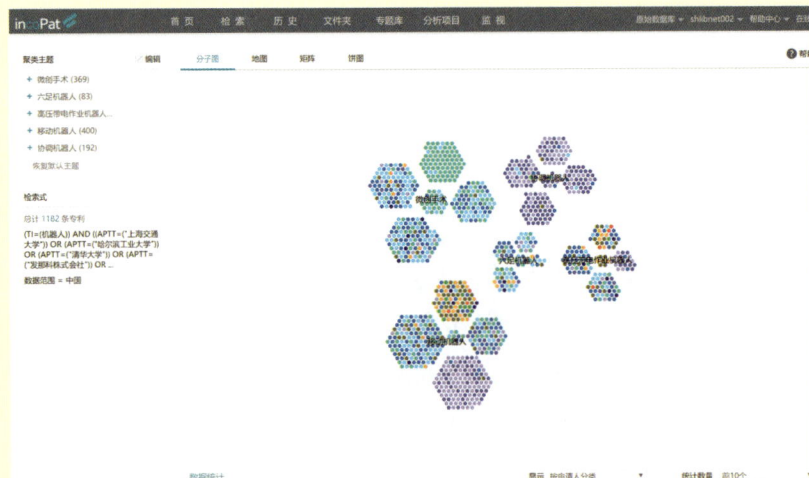

图 2-111　聚类分子图

③聚类矩阵是以矩阵的形式展示各聚类技术主题的不同著录信息统计结果，如图 2-112 所示。

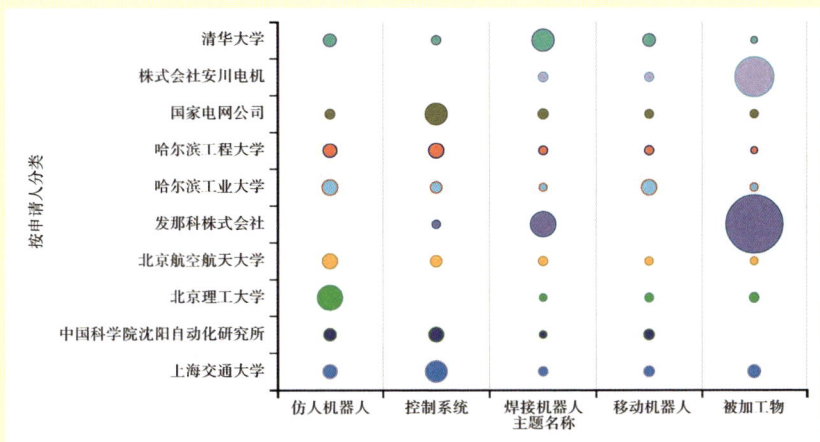

图 2-112　聚类矩阵

（3）引证分析

引证分析是通过引证关系图分析相关的技术。利用引证分析可以达到查看技术相关专利、大致了解技术发展脉络等目的。

在单件专利详览页面点击"引证分析"功能按钮后，可对该专利的前、后多级引证情况进行图形化的展示，如图 2-113 所示。

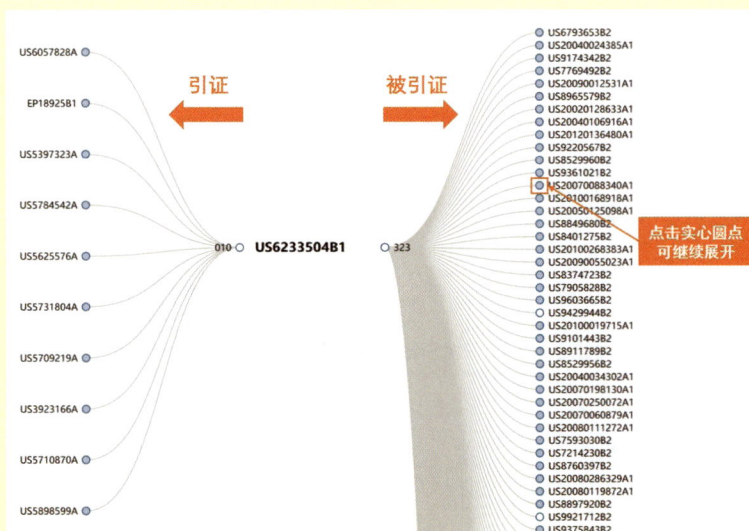

图 2-113　引证分析结果

2.6 智慧芽 PatSnap 专利数据库

2.6.1 工具介绍

智慧芽 PatSnap 专利数据库是由智慧芽信息科技（苏州）有限公司开发的专利分析工具。其专利数据库包含 103 个国家 1 亿条专利数据，中国、美国、日本、德国、加拿大、英国、法国、韩国、芬兰、挪威等国家和地区，以及 WIPO 和 EPO 等组织的专利可实现全文检索，还包含约旦、以色列等非热门国家和地区。专利数据和各知识产权组织官网同步更新，每周更新一次，保证专利工作者看到的是最新专利信息，支持中文检索。

2.6.2 专利检索

PatSnap 专利数据库检索特点如下：检索方式多样化，支持多种检索方式进行专利检索，方便快捷，效率更高。全文翻译，支持中、英、日、德、法、韩 6 种语言全文翻译，阅读外文专利方便快捷，帮助使用者解决外文阅读问题。

检索入口包括字段搜索、命令搜索、批量处理、语义搜索、扩展搜索、分类号搜索、法律搜索、图像搜索和化学搜索，如图 2-114 所示。

图 2-114　PatSnap 专利数据库检索入口

（1）关键词检索

支持汉语、英语、日语、德语、法语、韩语 6 种语言混合检索，支持所有字段全文检索，甚至包括按照审查员，代理机构进行检索，同时可以实现以中文快速检索全球专利。

（2）关键词助手

检索首页提供关键词自动扩展功能，利用谷歌开源技术，帮助使用者找到更多近义词或同义词，完善检索词，提高检索全面性，如图 2-115 所示。

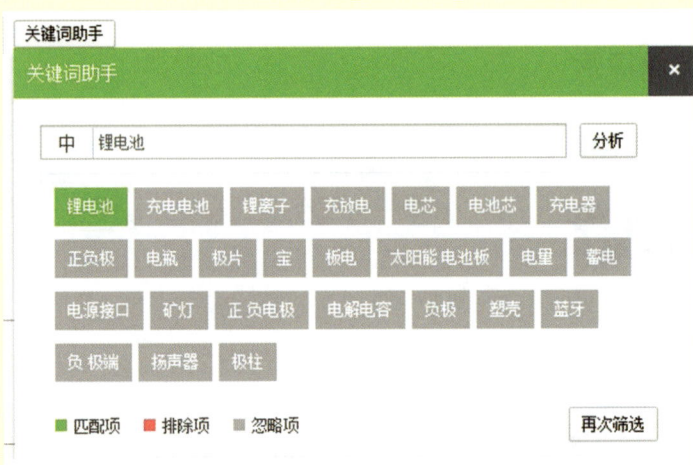

图 2-115　PatSnap 专利数据库关键词助手

（3）法律检索

支持专利诉讼、许可、转让、质押及复审无效法律状态检索，同时可以看到如诉讼全文、案件具体判决、复审无效全文和复审无效决定理由等详细内容，如图 2-116 所示。

图 2-116　PatSnap 专利数据库法律检索

（4）图像检索

图像检索功能是 PatSnap 的一大特色，可以帮助使用者通过上传图片的方式，根据图片相似性，尽快找到需要的外观设计专利，解决外观设计专利难以通过关键词查找的难题，如图 2-117 所示。

图 2-117　PatSnap 专利数据库图像检索

（5）化学检索

化学结构式检索专利，可以直接上传或构建结构式检索专利，包含 FDA、CFDA、Orangebook 等多个专业级数据库信息，结构式匹配智能精确，检索数据全面，同时支持化学专业版专利地图分析，进一步向 SCIFinder、Reaxys 等专业级化学数据库靠拢。

（6）批量导入

批量导入包含专利公开号或申请号的文本内容，可以直接识别对应专利，进行专利详情查阅或专利分析，单次上限 6000 条。

2.6.3　专利分析

（1）专利价值

基于质量标准——FMEA 模型，结合 25 个专利价值维度，给出专利客观价值参考，帮助使用者快速定位行业标准必要专利，呈现行业核心专利，定位最有技术影响力的专利内容，同时在知识产权运营过程中给出客观商业参考，如图 2-118 所示。

图 2-118　PatSnap 专利数据库专利价值分析

（2）引证分析

引证分析可以在一篇专利的基础上帮助使用者快速找到目标专利前后引用，并且可以无限延展，同时能够设置同族专利引证分析，为专利无效和查新查重提供思路，如图 2-119 所示。

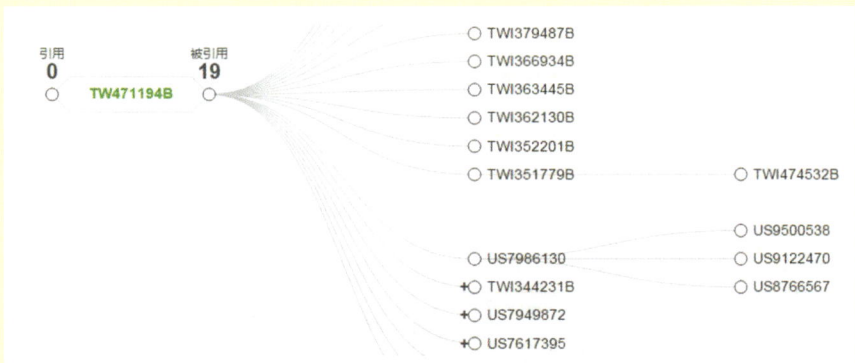

图 2-119　PatSnap 专利数据库引证分析

（3）技术功效矩阵

可制作 3 项对比矩阵图表。技术功效矩阵特别适合用来查看行业发展的技术密集区及空白区。通过对于专利技术的解读，添加自定义标引，可以同时针对 3 个维度展开立体式行业分析，快速找到行业热点与空白点，有效指导企业绕开专利雷区，做好专利和技术布局，如图 2-120 所示。

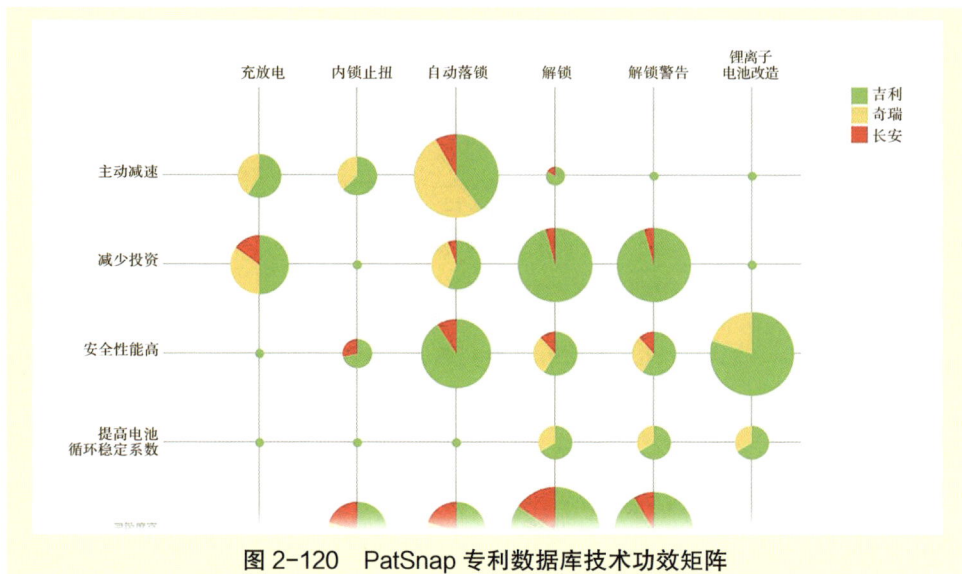

图 2-120　PatSnap 专利数据库技术功效矩阵

（4）3D 专利地图

最直观的"讲故事的工具"，3D 效果的专利地图，如图 2-121 所示。如何知道某一行业的技术布局、技术重心，如何了解每个企业的技术布局，专利地图可以提供非常直观的 3D 效果的专利布局解析，为企业研发部门提供前瞻性的布局参考，研发方向一目了然。

图 2-121　PatSnap 专利数据库 3D 专利地图

（5）一键生成式分析报告

PatSnap Insights——脱胎于 IP Report，一键生成式分析报告，使专利分析进一步走向了商务智能，使知识产权的竞争分析、科技领域分析和公司分析等从未有过的快捷和直观。选中课题，只需几秒钟即可生成一份维度饱满的分析报告，专利人员可以从中发掘价值信息，帮助企业客户获取竞争情报，做出正确的商业决策。

①掌握行业整体发展趋势和全球技术分布，破解行业核心技术及各个技术分支的发展状况，找到最佳切入时机。

②特殊专利通过 4 个维度定位行业标准必要专利，有效做好项目研发前的规避绕开工作。

③专利价值评估帮助企业识别行业最有价值的核心专利优先破解参考，大大提升研发效率；同时也为企业开展专利交易和许可提供客观指导与意见。

④主要公司通过技术上升趋势、市场地域分布、专业领域分析，帮助企业客户洞悉竞争对手研发策略，做到知己知彼、有的放矢。

⑤标签云从专利的标题和摘要中提取语义关键词，借此可以帮助企业快速了解该领域的研发主题，尤其是进入未知行业，可以快速把握行业特征。

⑥比较多个竞争企业，制定针对性策略，取得竞争优势（可以限制在同一科技领域分析竞争公司）。

⑦比较不同企业的专利价值（评估不同公司专利的整体研发实力与无形资产）。

⑧浏览最新的科技资讯，如最新的专利申请和授权等。

⑨识别竞争企业的研发策略（分析的研发策略包括数量增长、质量提升、学术驱动、市场推动、专业化、多样性、国际化和合作性 8 个维度）。

2.7　PatentStrategies

2.7.1　工具介绍

PatentStrategies 专利数据库是由 LexisNexis® Legal & Professional 律商联讯公司开发的专利分析工具。LexisNexis PatentStrategies 旨在为知识产权驱动型

机构、关注并购的企业及其他注重评估企业价值的公司提供发掘专利许可及市场技术空白的机会，以赢得竞争优势。通过提供对一个机构市场地位、市场优势和劣势及潜在机会的全面解析，LexisNexis PatentStrategies 揭示了对合理有效的交易和许可决策具有推动力的深度见解。LexisNexis PatentStrategies 通过对比分析全世界范围内的专利记录、金融、诉讼、市场和关键业务数据，在几分钟内便可提供一个国际商业环境的全景图。以来自 100 多个不同来源的数据为依据，PatentStrategies 可生成超过 50 项数据分析图示，以 360 度的视角迅速而清晰地解析一个组织的知识产权或一项专利的价值。

2.7.2 专利检索

（1）简单关键词检索

最基本的检索类型是关键词检索（通过"Keyword"单选按钮选择）。例如，在标题、摘要、权利要求字段中检索不含机械手的机器人，检索式为："@（abstract,claims,title） robot NOT manipulator"（图 2-122）。

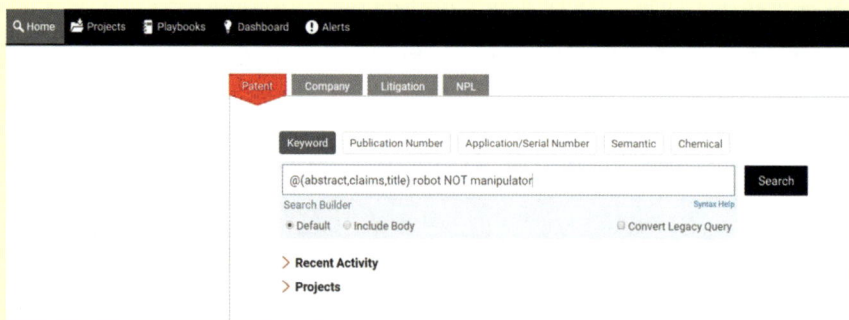

图 2-122　PatentStrategies 关键词检索

作为关键词搜索的一部分，还有其他一些可用选项（图 2-123）：

① Convert Legacy Query：可将来自其他传统检索工具的检索语言转换为 PatentStrategies 可用的检索语言。

② Include Body：在默认情况下，PatentStrategies 中的关键词检索能够检索除专利正文（通常被称为说明书）外的任何资料。使用此选项能在检索结果中包含专利说明。

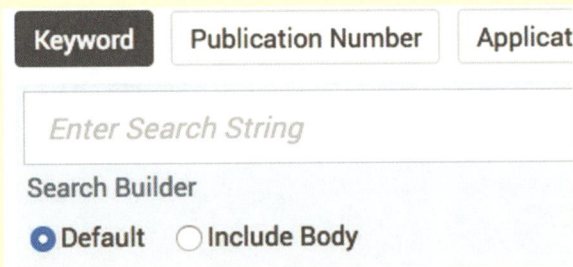

图 2-123　PatentStrategies 关键词检索可用选项

（2）语义检索

语义检索（通过"Semantic"单选按钮选择）是检索的一种高级形式，依赖于上下文而非特定词语或短语。关键词检索可查找准确（或接近）关键词匹配，这些匹配包括关键词匹配但上下文并不匹配的专利技术。语义检索特别依赖于上下文匹配，能够查找术语完全不同的匹配（图 2-124）。

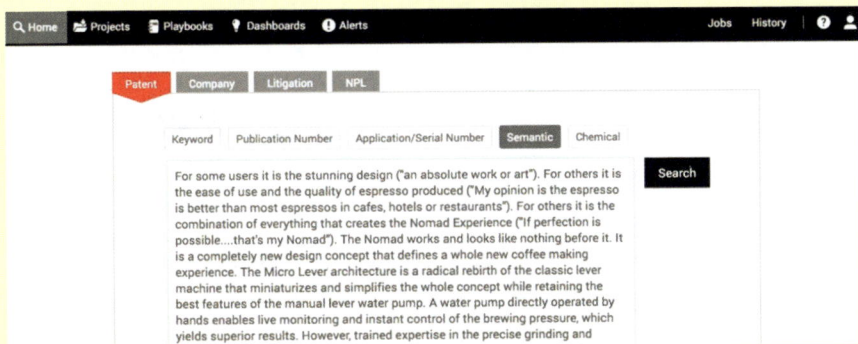

图 2-124　PatentStrategies 语义检索

此外，还有一些选项可用于专利语义检索（图 2-125）：

① All Patents: 检索所有使用已输入语义文本的所选定司法管辖区的专利。

② Company：将语义检索范围限制在特定公司及其专利资产内；输入符合标准语义检索要求的文本，然后选择一家公司（参见下文公司检索）。

③ Project：将语义检索范围限制在特定项目及其专利内；输入符合标准语

115

义检索要求的文本，然后从下拉列表中选择一个项目。

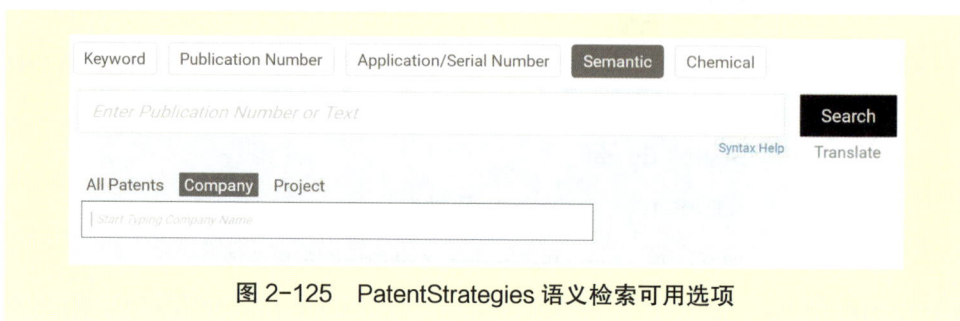

图 2-125　PatentStrategies 语义检索可用选项

（3）专利编号检索

如果拥有可用的编号，还可以搜索特定专利或申请。只要在文本框中输入编号（酌情选择 Publication Number 或 Application/Serial Number 单选按钮），并单击"Search"按钮（图 2-126）。

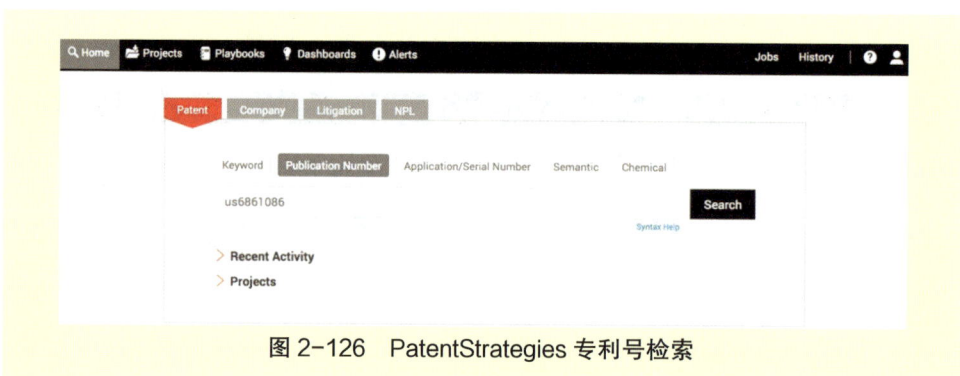

图 2-126　PatentStrategies 专利号检索

（4）公司检索

公司检索是一种标准化公司名称检索，在方法上与其他检索方式稍有差异，如图 2-127 所示。

与其他检索方式相比，公司检索略有不同：

①输入 3 个字符时，界面至少自动进行一次标准化名称匹配。

②无须构建公司列表进行分析。检索公司名称将直接进入公司概述页面。然而，有两个选项可用于公司检索：Name：检索即是检索单个特定公司，将返回选定公司的公司概述；Comparison：支持选择多达 10 个公司供并行对比。

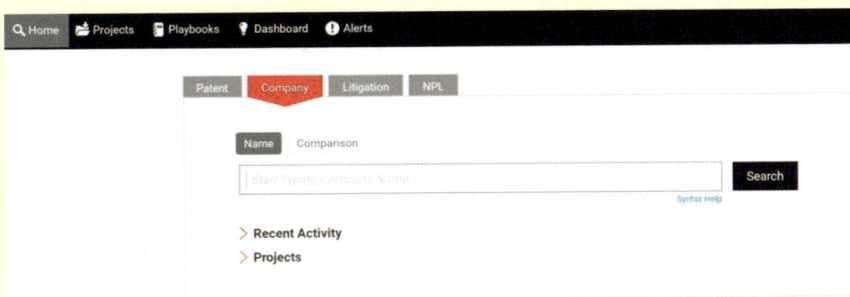

图 2-127　PatentStrategies 公司检索

（5）筛选

获得一组检索结果后，PatentStrategies 提供几个互动筛选器来细化检索。由于应用了不同的细化筛选器，结果被更新以匹配选择。虽然 PatentStrategies 提供各种细化选项，但是其中很多选项的结构是类似的，大部分细化工作只使用相对小量的筛选器。

①Source：是类别筛选器的一种（参见类别筛选器页面了解更多相关信息）。虽然此次只选择了一个类别筛选器，但是可以连续或断续地选择多个类别筛选器。此外还可以选择排除筛选器。

②CP Classification：是分层筛选器的一种。分类是分层的，可以在任何所需层级应用筛选器。此外，虽然此处只应用一个分层筛选器，但是可以同时应用多个分层筛选器（全部处于不同的层级）。

③Priority Date：是日期筛选器的一种。日期筛选器的日期可以是"不早于""不晚于"或"两者之间"。在此处的这个示例中，只使用了 2010 年，这意味着，在默认情况下，结果列表中只包含优先日期晚于 2010 年 1 月 1 日的那些专利。

④Active：是另一种日期筛选。其中，结果集只包含依然有效的专利（未因任何原因过期）。

⑤PatentStrength：PatentStrength 筛选具有一个稍微不一样的选择机制，涉及一个双端滑动条，可以利用它来重置 PatentStrength 的下限和 / 或下限。

除了这些示例，可用的筛选器还有家族缩减和收入筛选器。下面提供适用于各种检索类型的筛选器：专利、诉讼、商标和非专利文献。

1）专利筛选器

① Keywords：显示当前关键词检索字符串。可以编辑此信息更新检索结果。

② Reduce by Family：支持为专利集应用家族缩减筛选器。可通过用户首选项自动选定。

③ Source：支持用户选择仅包括、排除或返回特定国家和国际专利组织的专利。

④ Extended References：支持使用可选扩展参考插件模块仅选择 PatentStrategies 所提供扩展参考（技术标准、药品数据或科学期刊）中引用的专利。

⑤ Organization：支持选择在结果集中仅包括、排除或返回由特定公司或组织所有的专利。

⑥ Organization Revenue：支持指定结果集中专利所有组织最低和 / 或最高收入。

⑦ Original Organization：支持选择在结果集中仅包括、排除或返回专利初始所有者的专利。

⑧ CP Classification：支持将结果集范围缩小至特定 CP 分类编码。可将 CP 编码指定为各种特异级别。

⑨ IP Classification：支持将结果集范围缩小至特定 IP 分类编码。可将 IP 编码指定为各种特异级别。

⑩ US Classification：支持将结果集范围缩小至特定美国分类编码。可将美国编码指定为各种特异级别。

⑪ Priority Date：支持指定优先日期开始、结束或范围时间。

⑫ Publish Date：支持指定发布日期开始、结束或范围时间。

⑬ Expiration Date：支持指定过期日期开始、结束或范围时间。

⑭ Projects：根据与其有关联的项目筛选专利。

⑮ Labels：根据其在任何项目中被分配的标签筛选专利。

⑯ Inventor：支持将结果集范围缩小至特定发明者。

⑰ Inventor Location：支持将结果集范围缩小至发明者注册专利的国家。

⑱ Patent Strength：支持指定结果集专利强度。此筛选器支持为专利指定各种强弱级别。

2）诉讼筛选器

① Keywords：显示当前关键词检索字符串。可以编辑此信息更新检索结果。

② Plaintiff：支持指定原告。

③ Defendant：支持指定被告。

④ Court：支持按地区法院筛选。

⑤ Judge：支持按审判长筛选。

⑥ Law Firm：支持按参与法律事务所筛选。

⑦ Attorney：支持指定参与律师。

⑧ CP Classification：支持将结果集范围缩小至特定 CP 分类编码。可将 CP 编码指定为各种特异级别。

⑨ IP Classification：支持将结果集范围缩小至特定 IP 分类编码。可将 IP 编码指定为各种特异级别。

⑩ US Classification：支持将结果集范围缩小至特定美国分类编码。可将美国编码指定为各种特异级别。

⑪ Patent：支持指定相关专利。

⑫ Damages：支持指定损害范围。可以设置最低和最高损害或仅设置最低或最高损害。

⑬ Trial Type：支持指定审讯类别。

⑭ Outcome：支持指定结果。

⑮ Case Events：支持指定具有特定案件事件的案件。

⑯ Last Activity：支持指定最近活动开始、结束或范围时间。

⑰ File Date：支持指定申请日期开始、结束或范围时间。

⑱ Termination Date：支持指定终止日期开始、结束或范围时间，或者案件是否开放或终止。

⑲ Projects：根据与其有关联的项目筛选诉讼。

⑳ Labels：根据其在任何项目中被分配的标签筛选诉讼。

3）非专利文献筛选器

① Keywords：显示当前关键词检索字符串。可以编辑此信息更新检索结果。

② Source：支持选择仅包括、排除或返回特定来源和组织的非专利文献（如食品科学期刊或营养期刊）。

③ Source Type：支持选择在结果集中仅包括、排除或返回特定非专利文献来源（如文章、会议记录等）。

④ Author：支持将检索结果缩减至仅包括特定作者的非专利文献。

⑤ Year：支持指定非专利文献出版开始年份、结束年份或年份范围。

⑥ Projects：根据与其有关联的项目筛选非专利文献。

⑦ Labels：根据其在任何项目中被分配的标签筛选非专利文献。

2.7.3 专利分析

分析步骤在流程中至关重要，有大量可用选项帮助进行分析。通常，可以使用"Analyze"按钮进入分析模式。但存在多项因素决定可用选择及后续进行的分析类型。

（1）文本聚类

文本聚类选择方法：在 Analyze by 面板中点击"Text Clustering"，按其中出现的显著词组将目标专利集进行分类。通常，专利数量越多且关联越紧密，得出的结果会更好。然而，即使是较小的专利集，通常也是很有价值的。

对文本聚类的进一步检查，可了解到大量信息，包括与我们可能想要在检索中使用的其他词语有关的信息，以及与我们想要用来从检索中去除任何无关文件的任何筛选器的有关信息，如图 2-128 所示。

图 2-128　PatentStrategies 文本聚类分析

（2）家族扩展

家族扩展选择方法：单击 Analyze by 面板中的"Extended Family Expansion"扩展选择，以包含各个示例专利的一个简单家族的所有其他成员。这是一个功能强大的工具，能够了解大部分国内专利集，并且能够看到它们在全球的整体覆盖情况。

利用所选的家族扩展，将视图更改为"Jurisdiction-World"。从"View By Results"下拉菜单中选择，将帮助显示这些家族的地理分布情况。除了全球覆盖情况，该可视化工具还可按颜色（编码显示内容）显示密度和分布。

（3）前＋后引证

引证分析涉及检查被目标集引证的专利（后引证）和引证目标集的专利（前引证）。前后引证选择方法：在 Analyze by 面板单击"Forward ＋ Backward Citations"，将显示通过引证与初始集建立联系的所有专利。

利用所选择的前＋后引证，从"View By Organization"下拉菜单中将视图更改为"Organization-Bubble（Market）"，通过引证得到与初始集建立联系的公司，并且展示这些公司在此市场中的地位趋势，如图 2-129 所示。还有其他可用的分类选项（热力图和饼状图），它们为这些公司提供更深层次的剖析。

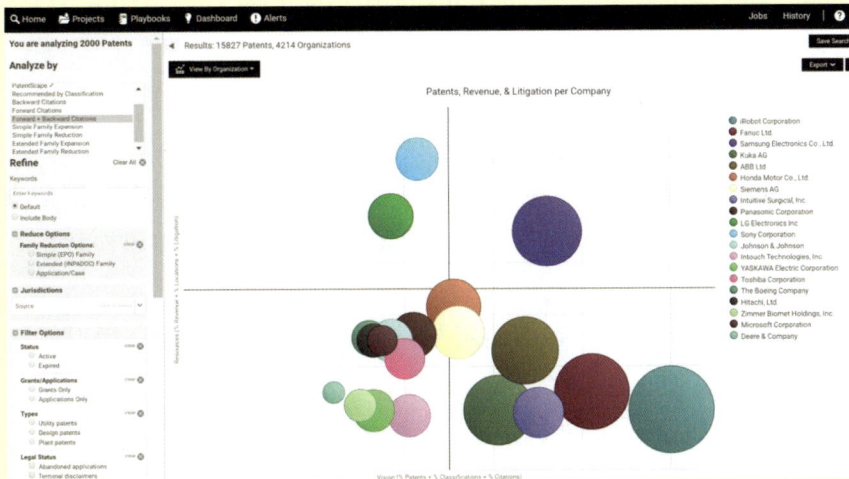

图 2-129　PatentStrategies 前＋后引证分析

（4）单项专利分析

要分析单项专利，首先导航至所选专利对应的专利概述页面。在那里单击"Analyze"按钮，将得到有分析面板的结果视图。

专利分析选项有：

① Classification Analysis：分类分析为专利创建基于 IPC 分类的"指纹"，然后检索其他具有类似指纹的专利。可以使用"Similarity"滑动条帮助细化结果。

② Citation Mining：引证挖掘进行前后检索，在目标专利引证链和引证目标专利链中查找专利。引证挖掘对 3 个级别执行，提供修改功能，可在前后方向进行。

③ Invalidation：无效基本为后引证挖掘。

④ Infringement：侵权基本为前引证挖掘。

⑤ Forward Citations：仅显示前引证，如引证开始专利的专利。

⑥ Backward Citations：仅显示后引证，如开始专利引证的专利。

⑦ Forward + Backward Citations：基本为以上列表的前后引证组合。

（5）分析专利集

要分析一个专利集，首先需找到一个要分析的专利集，使用基本检索并通过复选框选择所需专利。选好后，单击"Analyze"按钮，转至分析。

分析专利集的选项有：

① Text Clustering：文本聚类基于共有词语和词组检查语义分组的专利组合，然后这些词语和词组将在交互式可视化中显示。

② Patent Scape ™：Patent Scape 打开专利分析环境，可在此处根据各种标准和分组对专利进行视觉分组和分析。

③ Recommended by Classification：与分类分析相类似，按分类推荐从基本集前 100 项专利中提取前 30 个共有 IP 类编码，并使用这些编码检索其他具有匹配类编码的专利。

④ Backward Citations：最多使用专利集中前 1000 项专利，后引证收集分析集中专利组引证的所有专利。

⑤ Forward Citations：最多使用专利集中前 1000 项专利，前引证收集所有引证分析集中专利组的专利。

⑥ Forward + Backward Citations：基本为以上列表的前后引证组合。

⑦ Family Expansion：扩展结果集，使结果集包括所有与开始分析集中专利类似的家族成员。

⑧ Family Reduction：限制结果，使结果集仅包括最强唯一家族成员。

（6）分析一个公司组合

要分析（最终母公司或分公司的）公司组合，首先导航至所需公司对应的公司概述页面。单击"Analyze"按钮进入列表页面，并分析其专利组合。

分析公司组合的选项有：

① Similar Technologies：类似于分类分析和按分析推荐，相似技术返回所有 IP 分类编码匹配数量最多的专利。

② In Assignment：该选项返回所有分析中目前（并非最初）转让给公司的专利（收购专利）。

③ Out Assignment：该选项返回所有分析中最初（并非目前）转让给公司的专利（剥夺专利）。

④ Hidden Assignments：该选项返回所有最初未转让但目前已转让给分析目标公司或 PatentStrategies 推断已转让给分析目标公司的专利。

（7）分析专利申请人综合实力和技术实力

要分析某一领域专利申请人的综合实力和技术实力，首先使用基本检索确定该领域的专利集，然后从"View By Results"下拉菜单中将视图更改为"Organization-Bubble（Market）"，展示该领域相关专利申请人在此市场中的地位趋势。坐标横轴代表专利申请人在该领域的关注度和专利技术实力，即专利申请人的专利性，气泡越往右专利性越强；坐标纵轴代表专利申请人总体的资源和财富，表征了其利用专利的能力，即专利申请人的市场性，气泡越往上市场性越强，如图 2-130 所示。

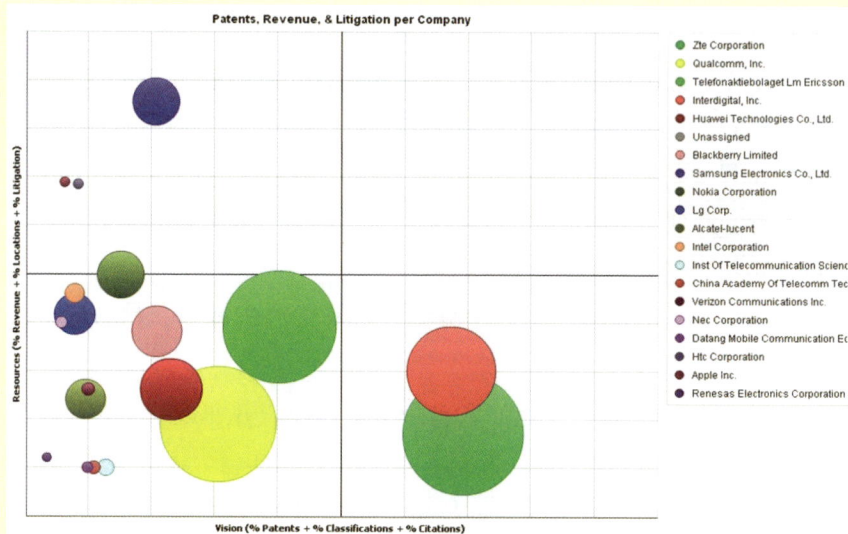

图 2-130　专利申请人实力分析

2.8　Patentics

2.8.1　工具介绍

　　Patentics 专利检索分析系统是索意互动（北京）信息技术有限公司自主开发的专利检索、分析工具。系统整合了全球各大专利局的专利数据库，包括中国、美国、日本、韩国、欧洲专利局、世界知识产权组织等国家、地区和组织的全文数据库，及包含 120 多个国家和地区的世界摘要数据库。同时，Patentics 把中国发明、实用新型专利，欧洲及世界专利库近 1/3 的德文、法文专利全文翻译为英文，组成了全球最大的英文全文库，可实现一个检索式检索全球专利。

　　Patentics 采用先进的新一代文本自动理解/概念搜索技术，将自动计算的搜索结果与全世界专利审查员人工搜索结果高度匹配。运用独有的语义检索技术，提供专利检索、专利在线统计分析及可视化分析、专利预警、攻防分析等功能，可为企业提供全面的专利服务。

2.8.2 专利检索

Patentics 检索的特色是通过计算理解文本的意思，并以此根据意思的相似度对文档集进行排序。在没有限制条件或限制条件很少，得到大量检索结果的情况下，可对这些结果按照某个关键词、摘要、权利要求，甚至整篇文档的意思来排序。既得到最相关的文档，又不会漏检，而且最相关的文档列于最前面，极大提高了浏览效率。

（1）概念搜索与关键词搜索

Patentics 检索分为概念搜索（Patentics 独有）和关键词搜索（常规搜索）。

1）概念搜索

概念搜索步骤如图 2-131 所示，直接输入一个词、一个自然语句、一段话或一个专利号（中文数据库和英文数据库不可同时勾选），根据系统设定，结果显示相关度最高前 400 项。如果需要取最相关 2000 项，可后加 "and ctop/2000"。

概念搜索书面表达式为：C/…（如 C/ 数字音频，即为概念搜索）。

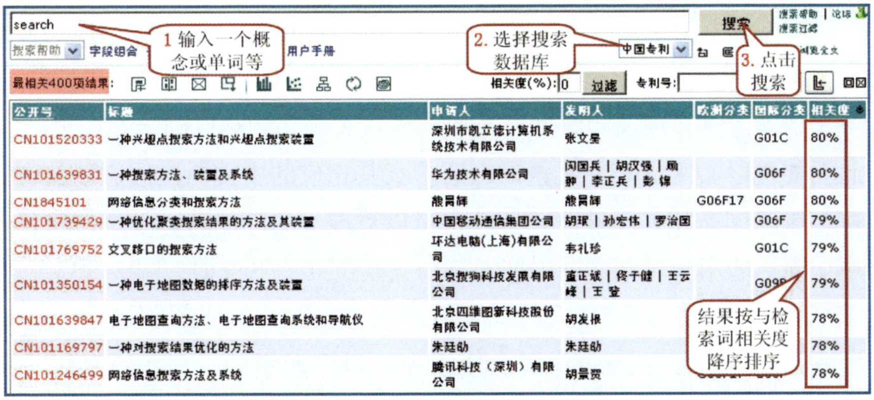

图 2-131 Patentics 概念搜索

2）关键词搜索

关键词搜索在输入内容前加 B/（如 B/ 微波炉），结果显示包含关键词的所有文档。

关键词书面表达式为：B/…（如 B/ 量子通信，即为关键词搜索）如图 2-132 所示。

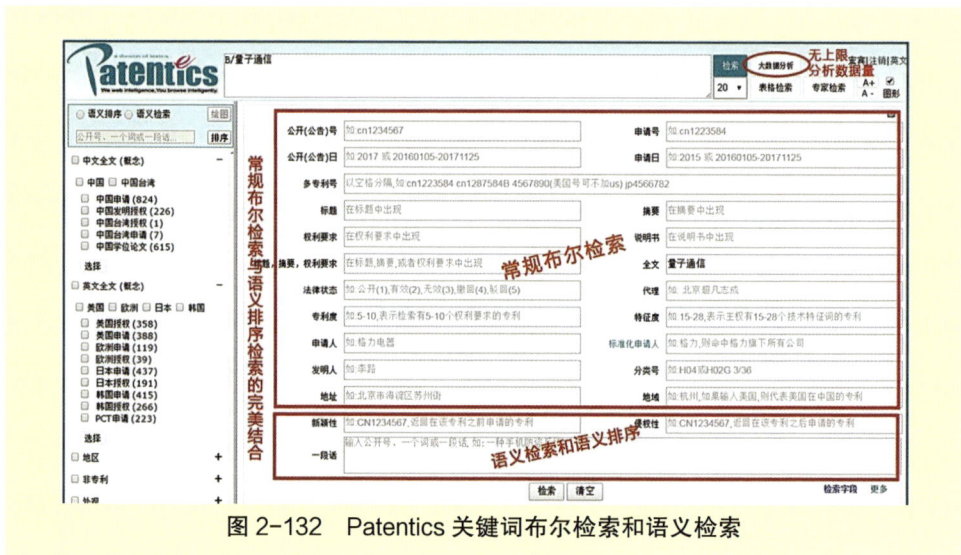

图 2-132　Patentics 关键词布尔检索和语义检索

（2）搜索扩展

Patentics 为方便用户检索，根据本系统的智能语义检索优势，提供搜索扩展功能。此搜索扩展功能提供查询词语的中英文所有同位词及下位词表示，避免了由于语言的多样性及隐蔽性所造成的检索关键字的难以确定。

此功能可以实现：对中文查询词语搜索其相应的中文同位词、下位词，且默认按与查询词语相关度排序；另外也可以对搜索的同位词、下位词按位置进行排序。同样适用于对英文词语搜索其中文同位词、下位词（图 2-133）。

（3）搜索过滤

搜索过滤功能是 Patentics 概念搜索和关键词搜索的一个很有用的辅助工具。Patentics 定义了两种搜索方式：查询搜索和点击搜索。查询搜索：在搜索框中通过输入搜索表达式进行的搜索；点击搜索：在专利浏览器中通过点击"相关概念及专利""新颖分析""侵权分析"等进行的搜索（图 2-134）。

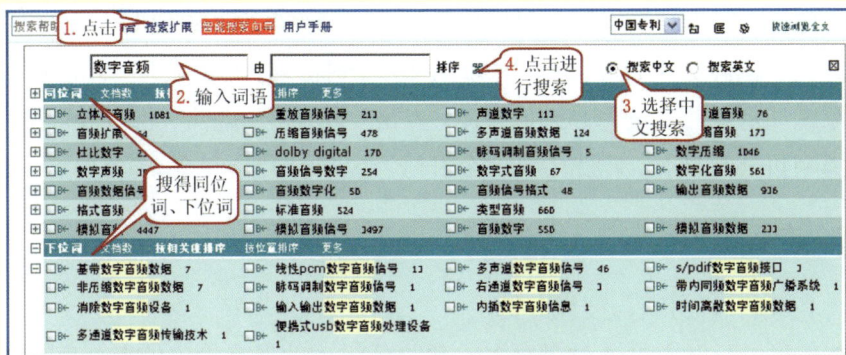

图 2-133　Patentics 搜索扩展

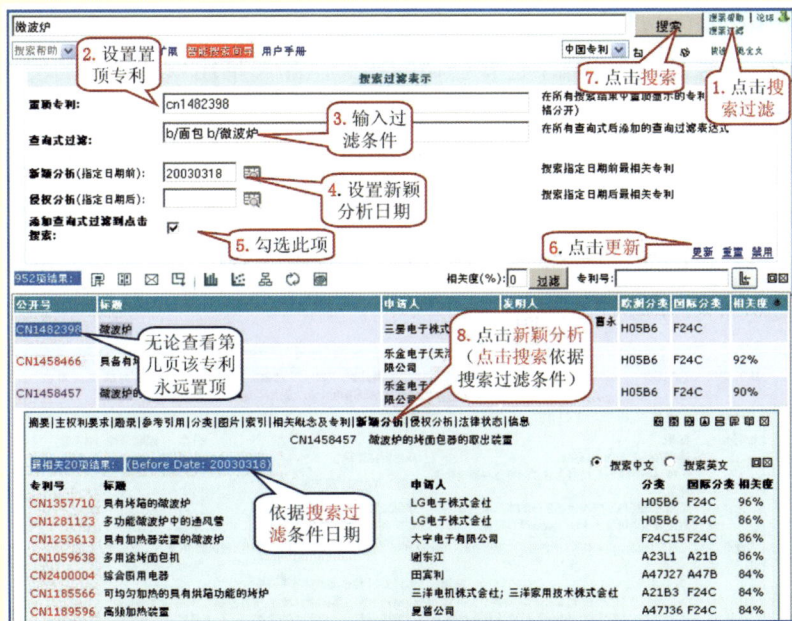

图 2-134　Patentics 搜索过滤功能

　　使用搜索过滤所得搜索结果总数以蓝底显示，点击该数目可以弹出或关闭搜索过滤设置界面查看该搜索过滤设置。只要设置了搜索过滤的内容，如果不做修改，当前登录所进行的一切搜索都要经过所设置的过滤条件。如果不需要此功能，将搜索过滤界面所有的文本框清空或点击"禁用"。

（4）搜索结果

Patentics 搜索结果标题栏包括公开号、标题、申请人、发明人、欧洲分类、美国分类、国际分类、相关度。根据专利库选择，分类题头会有相应调整。搜索结果默认依据相关度由高到低排序。点击"公开号"题头，也可进行排序（依据先类型再公开日）。点击专利"公开号"，可打开专利全文窗口。

2.8.3　专利分析

（1）新颖性分析与侵权分析

Patentics 开发人员通过对众多专利的分析，发现有价值的专利存在共性：专利性强、跟随者多。专利性强，代表了该专利的技术领先（新颖性分析所得专利相关度低），被无效的可能小，以及实施独立性强，实施该专利不受其他专利的影响。跟随者多，代表了该技术会获得市场的认可，有很多公司跟进了这个发明，投入了较多资源，这些公司的相关产品一推出就是潜在的侵权者（侵权分析所得专利相关度高）。

新颖性分析：Patentics 给出在该专利申请日之前与之最相关的前 400 项专利；侵权分析：Patentics 给出在该专利申请日之后与之最相关的前 400 项专利（图 2-135）。例如，通过对 CN1367623 做新颖性分析，可见与之相关度最高

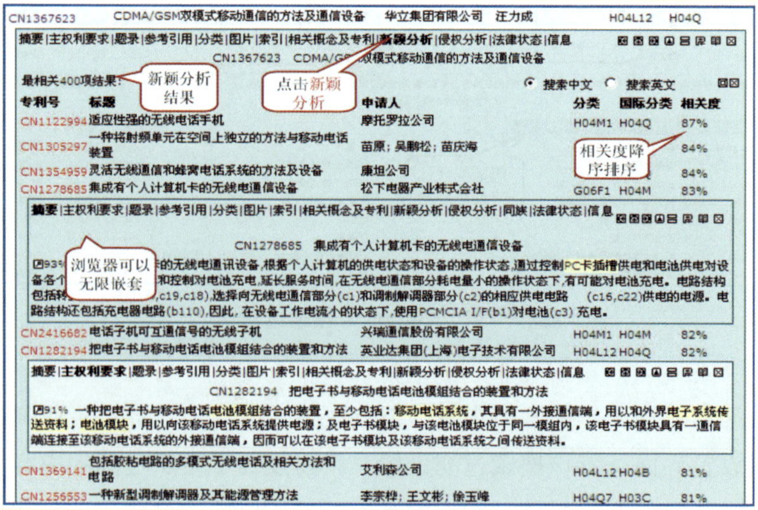

图 2-135　Patentics 新颖性分析与侵权分析

的才 87%，说明本专利新颖性与创新性比较确定，相对于现有技术发明高度是比较高的。

（2）中外地域创新实时分析管理系统

点击"中外地域创新实时分析管理系统"，显示中国和国外的专利信息实时数据。该专利信息由 4 组数据组成，分别为已公开申请量（发明 / 实用新型 / 全部）、授权专利（发明 / 实用新型 / 全部）、有效专利（发明 / 实用新型 / 全部）、无效专利（发明 / 实用新型 / 全部）。

点击"中国"或"国外"类别前的"➕"按钮，可以浏览中国各省市区的专利信息及美国、日本等外国国家的专利信息。

除了"数字"的表现形式，Patentics 还提供曲线图，将相关实时数据更加直观地呈现给用户（图 2-136）。

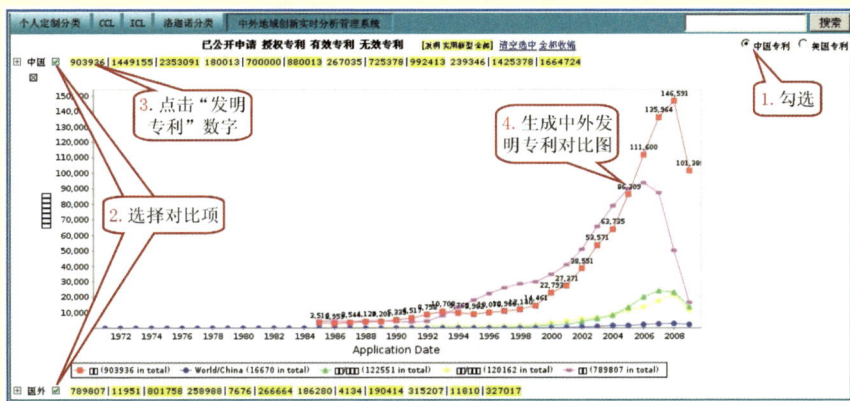

图 2-136　Patentics 中外地域创新实时分析管理系统

可以选择不同对比项，生成不同对比图，只选一项时，生成该项的曲线图。点击"➕"下每个类别，从搜索界面自动搜索。如果选择美国专利，显示美国与世界实时专利数据，操作类似，不再介绍。

（3）统计分析

Patentics 具有一键统计检索结果功能，并能以 Excel、Word 等格式自动输出分析报告（图 2-137）。

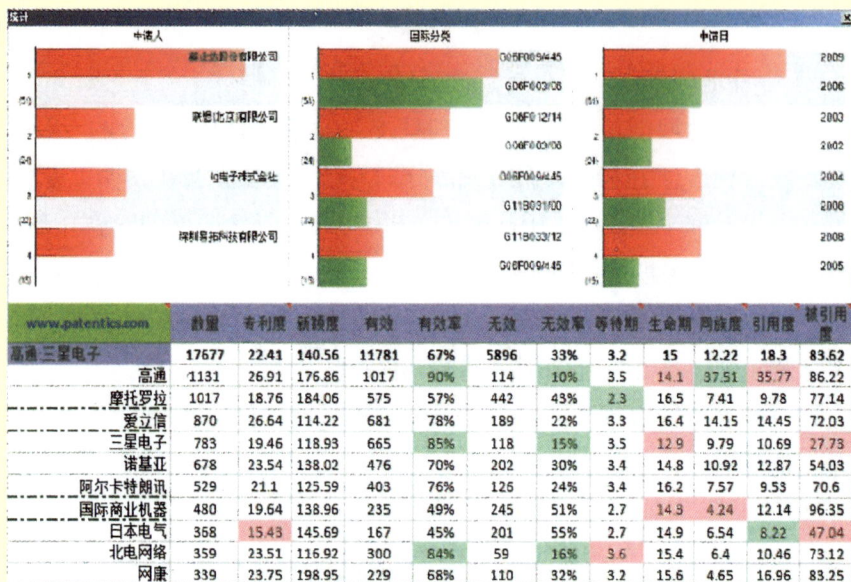

图 2-137　Patentics 一键统计自动输出报告

　　点击页面顶端导航栏中的"统计"标签，系统可以根据公司、美国专利分类、国际专利分类、索引词 4 个方面对不同数据库中的专利进行全局排名统计，并生成时间趋势统计分析图。这几个方面的操作相似，下面仅介绍公司排名统计。

　　在统计页面点击"公司"标签，即可显示专利申请总量的公司排名。用户还可以输入所关注的公司名称进行搜索。点击其中任意一个公司名称，可在右方自动生成该公司的专利年申请趋势统计图，还可以进行不同公司时间趋势统计图的叠加（图 2-138）。

　　（4）专利地图

　　Patentics 独有交互式专利地图构建在语义相关模型技术和大数据分析基础上，将统计数据进行实时显示（图 2-139）。操作步骤如下：

　　①通过用户输入的技术点，智能扩展相关技术点；

　　②多种组合选择、过滤、确定制图技术点；

　　③点击"PatentMap"自动绘制专利地图。

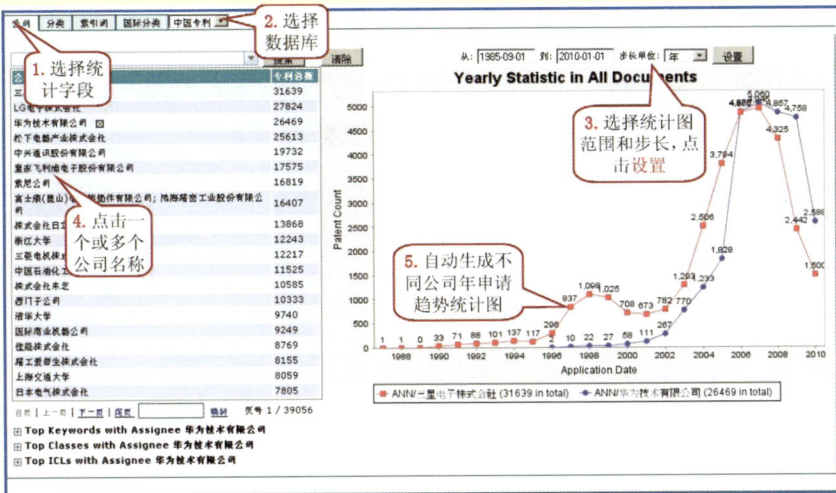

图 2-138　Patentics 公司排名统计

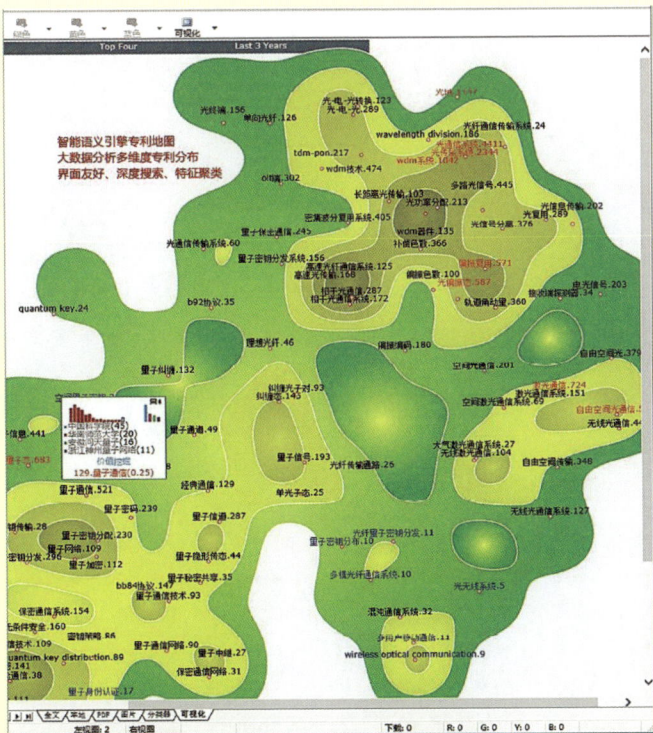

图 2-139　Patentics 全方位动态专利地图

（5）省市分布可视化

Patentics 具有对专利数据进行瞬时分组、瞬时可视化显示的功能。例如，在对中国专利进行分析时，可生成各省市专利拥有量热力地图；实时点击省份，可显示各省地图，自动显示省内各市的专利数据。

第三章
专利技术分析

专利技术分析是在对专利进行定量分析或定性分析的基础上，制作与技术相关的专利分析图表，并对图表进行解读得出相关结论的方法。该方法包括技术发展趋势分析、技术生命周期分析、技术构成分析、技术路线分析、技术功效矩阵分析、核心专利技术分析和专利法律状态分析等。专利技术分析的结论通常能为技术的开发和利用提供参考依据。

3.1　技术发展趋势分析

分析某行业的技术发展趋势，可以了解该行业的技术发展态势和发展动向，有助于该行业的从业人员或研究人员对行业有一个整体认识，并对研发重点和路线进行适应性的调整。

3.1.1　分析目的

以技术领域为视角的专利申请趋势分析对象可以是某技术领域的全球专利数据，也可以是某技术领域与申请人（专利权人）、地域、专利类型等组合的专利数据。例如，技术领域与申请人进行组合后，就可分析某技术领域不同申请人的全球专利申请趋势。通过对不同对象专利申请趋势的分析，可得到以下信息。

①技术领域全球专利申请趋势。一定程度上反映出技术的发展历程、技术生命周期的具体阶段，以及预测未来一段时间的发展趋势。

②技术领域在不同地区的专利申请趋势。一定程度上反映出某技术领域在不同地区的被关注程度，通常而言，只有技术研发较为密集或市场开发潜力更大的地区，申请人才会重视在该地区的专利布局。

③技术领域首次申请国（优先权国）的专利申请趋势。所谓专利优先权是指申请人在一个国家或地区第一次提出申请后，可以在《专利法》规定的期限内就同一主题向其他国家或地区申请保护，这一申请在某些方面被视为是在第一次申请的申请日提出的。可侧面反映出某国家或地区的技术创新能力和活跃程度，因为专利首次申请国在一定程度上代表了技术产出国或技术来源国。

④不同技术分支的全球专利申请趋势。一定程度上反映出目前或未来技术研发的热点方向。

⑤技术领域不同申请人的专利申请趋势。一定程度上反映出申请人对技术的关注程度，预测技术领域未来的市场竞争格局，帮助企业发现潜在的竞争对手或合作伙伴。

⑥技术领域不同类型专利的申请趋势。一定程度上反映出该技术领域的技术创新变化情况，可从侧面评价该领域专利申请技术含量的高低。

3.1.2 分析方法

（1）专利申请趋势分析图法

技术领域专利申请趋势分析图的坐标横轴为时间，纵轴通常为申请量、授权量、公开量、申请人数、发明人数或相应的增长率。

分析内容主要包含数据拐点分析、不同趋势线比较分析及信息补充分析。

①数据拐点分析。通过时间的推移，将变化趋势划分成多个阶段，如缓慢发展期（技术孕育期）、快速发展期、成熟期、衰退期等，辨别哪些数据拐点是由技术发展的原因造成，哪些是由经济因素或政治因素造成，以获得技术领域的整体发展态势。

②信息补充分析。由于数据图表中的数据量有限，为了剖析出数据拐点和数据差异出现的根本原因，通常还需要补充与分析对象相关的商业、技术、政策、其他专利统计信息等。必要时还可以引入一些推测的内容，但推测的内容要符合实际情况，推测过程也要符合逻辑。

（2）新发明人／新技术时序分析法

在 DDA 软件中，通过自动技术分析报告 "Report: Technology Report" 中的新发明人和新技术时序分析模块，可了解某技术领域的活跃程度和市场重视程度。

（3）分析结果的解读

图表生成后，需要结合相关技术资料和专家咨询对图表进行解读，从而得到综合的分析结果。综合分析结果的描述大致可以包括以下几个方面。

①各发展阶段的申请总量（或趋势）、平均增长量（或平均增长率）。

②各发展阶段申请人数量的变化。

③各发展阶段的主要申请国家和地区、代表性申请人；需要注意的是代表性申请人并不一定是申请量排名前几位的申请人，也可以是在行业中具有重大影响和／或拟重点研究的申请人。例如，占据较大市场份额但申请量不是很大的申请人。

④各发展阶段的主要技术、代表性专利。需要注意的是主要技术最好是技术分解表中提到的技术，以便与后续技术分析前后呼应；代表性专利可以是在行业中具有重大影响的专利和／或拟重点研究申请人的代表性专利。

⑤各发展阶段产业和政策的发展情况。

⑥对技术发展趋势的总结和预期。

根据分析行业的不同，可以选择其中几项进行描述，也可以加入有行业特色的描述。该分析方法的要点是：不应只停留于申请量的变化趋势，而应该更多地结合行业和技术来分析申请量变化所体现的技术发展变化；应当对技术发展趋势的分析结果进行验证，主要是核实采用的分析方法是否合理及得到的分析结果是否与行业的发展相符。分析结果的验证主要可以通过与专利分析专家、技术专家和企业管理人员的交流来进行，也可以利用网络等资源查证分析结果的合理性。

在表现形式上，主要包括折线图、面积图和柱形图等。各类图表在表达信息时各自有所侧重：折线图和面积图通常用来表示较长时间段内的数量变化趋势；柱形图则较多表示在短时间段内的数量变化情况，并突出每一个时间段的具体数量值。

3.1.3 分析案例

案例 3.1　专利申请趋势的阶段划分和数据拐点的分析方法

图 3-1 分析了全球 XLPE 电缆专利技术发展趋势，可知全球 XLPE 电缆技术发展大致可分为 3 个阶段[①]。

图 3-1　全球 XLPE 电缆专利技术发展趋势

第 1 阶段（1962—1974 年），技术萌芽期。该阶段申请专利数量少，每年专利申请量不超过 20 项，而且增速较为缓慢，专利申请主要来自日本、德国和美国，申请主力是日本古河电气、住友电力和藤仓，专利技术主要集中在按导电材料特性区分的导体或导电物体，主要由塑料、树脂、蜡组成的绝缘体，仅用碳碳不饱和键反应得到的高分子化合物。

第 2 阶段（1975—2007 年），技术成长期。该阶段专利申请数量开始明显上升，除日本、德国和美国外，中国也积极开展 XLPE 电缆技术方面的研究，进行相关专利申请。申请主力是日本藤仓、日立、住友电力、古河电气和三菱电缆等。这一时期的技术热点集中在以乙烯类树脂、丙烯酸类树脂为主要成分的绝缘体，带有屏蔽层或导电层的电力电缆，用挤压使导体或电缆绝缘的专用设备或方法等方面。

---

① 林志坚 . 高压交联聚乙烯海底电缆前沿关键技术研究 [R]. 杭州：浙江省科技信息研究院，2016.

第 3 阶段（2008—2014 年），技术高速发展期。专利申请数量飞速增长，其中中国专利申请量增长最为迅速，后期专利申请量已经超过美国和日本，这可能与国家设立专项资金支持风能、海洋能等新能源发展，积极开展长距离输配电技术研究有关。这一时期的申请主力是中国国家电网、江苏亨通电缆、安徽新科电缆等。这个时期的研究主要侧重于防护由外部因素引起的损坏（如利用护套或铠装）的电缆、带有屏蔽层或导电层的电力电缆、使用阻燃材料的电缆等。

纵观 XLPE 电缆技术专利申请数量，其真正的发展阶段出现在 1975 年以后，专利申请量总体呈现快速增长趋势，而且这一趋势延续至今。由于发明专利从申请到公开一般有 18 个月的延滞期，使得部分新申请的专利还处于未公开状态，所以检索分析日之前两年（2015—2016 年）的专利申请数据还不完整，未列入图中。

案例启示

该案例结合行业信息将某一行业的发展按照专利申请的增长速度分成若干阶段，每一阶段进行综合分析，对技术、产业、申请人和主要产品进行了深入的分析，得出了技术发展的基本方向，有助于行业技术人员从整体上把握该行业的技术发展趋势。

在进行专利分析时，通常需要将专利分析与市场、产业和技术信息相结合，才能得出可靠结论。因此，在标准折线图中加入产业和技术的信息，能够丰富折线图表达的内容，更有助于理解该领域或申请人申请量变化的原因。

数据来源

在 DDA 中，点击"Priority Year（earliest）"字段，弹出数据后采用"Records"（记录数量）一列数据，而非"Instances"（频次）。

案例 3.2　不同技术分支的专利申请趋势比较分析方法：面积图展示法

面积图与折线图相似，多用于表现时间序列的变化，由于在折线下方的区域中填充了颜色，因此不仅能反映出数据的变化趋势，还能利用折线与坐标轴围成的图形来表现数据的累积值。其中，多重面积图可用于展现多个数据系列，如多个技术分支申请量随时间的变化。

图 3-2 分析了 LTE 领域主要分支技术全球专利申请趋势[①]。OFDM 和 MIMO 是其中最为主要的 2 项关键技术,从 2006 年开始进入井喷式发展模式,并延续至今,而且其发展速度超越其他技术。随着 4G 技术标准 LTE-A 的发展,OFDM 和 MIMO 技术在未来几年内专利数量仍然会持续增长。无线中继(Relay & Repeater)和载波聚合技术(Carrier Aggregation)的发展稍微滞后于前两者,但近 4 年的专利申请量也相当可观,专利量分别达到 907 项和 302 项。HARQ 技术在 2007—2008 年有较快发展,但之后很快进入平稳期,专利族数量连续 3 年保持在 120 项左右。

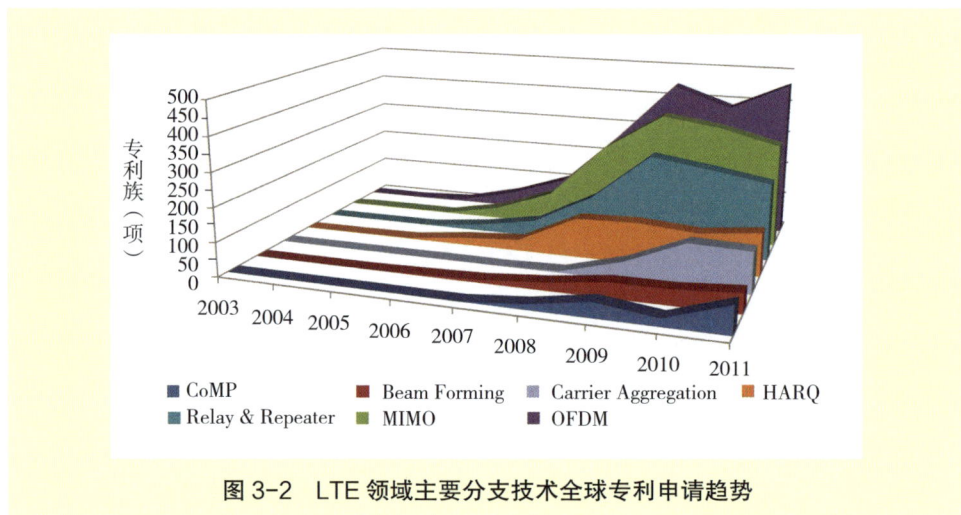

图 3-2 LTE 领域主要分支技术全球专利申请趋势

案例 3.3 时间切片趋势分析法

时间切片趋势分析法通常是在对某技术领域的总体专利申请趋势分析之后,确定了技术发展经历了哪些阶段(如技术萌芽期、成长期、成熟期)的基础上,开展的分析。

从各申请人专利申请的时间分布来看(图 3-3),日本 MAKI、石井、久保田、NABERU、KYOWA、三菱和日立均是在 1995—2005 年这个时间段的相关专利申请量最多,2005 年后研发热情逐渐减退;日本洋马、日本井关农机、

① 林志坚. 高速通信技术 LTE 专利动向调研报告 [R]. 杭州:浙江省科技信息研究院,2013.

荷兰 MOBA、日本 KYODO KIKAKU、法国迈夫、日本横崎则是在 2005 年后还保持相当大的技术研发投入，申请有较多专利[①]。

我国申请人中，扬州福尔喜果蔬汁机械有限公司（第 12 位）、浙江大学（第 16 位）和华中农业大学（第 18 位）跻身前 20 位，三者的绝大多数专利均是集中于 2006 年及以后申请的。

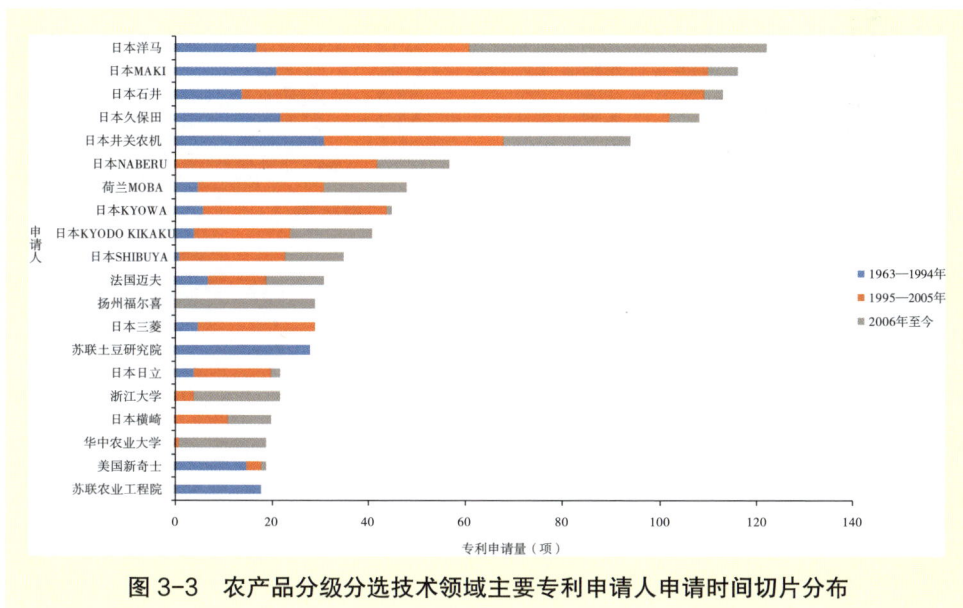

图 3-3　农产品分级分选技术领域主要专利申请人申请时间切片分布

数据来源

在 DDA 软件中时间切片的创建方法，即创建一个有各个时间段的 "Field"。

选择 "Priority Year （earliest）"（专利优先权年）→选中时间段→右键点击 "Add selection items to group" →建立时间段的若干组→选中这些组，通过 "Field" 下拉菜单中的 "Create Field From Group Names" 创建一个 "Field"（图 3-4）。

然后通过新创建的 "Field" 与申请人生成二维数据并做图。

① 应向伟，谌凯，林志坚 . 农业装备智能控制系统发展动态研究报告 [R]. 杭州：浙江省科技信息研究院，2015.

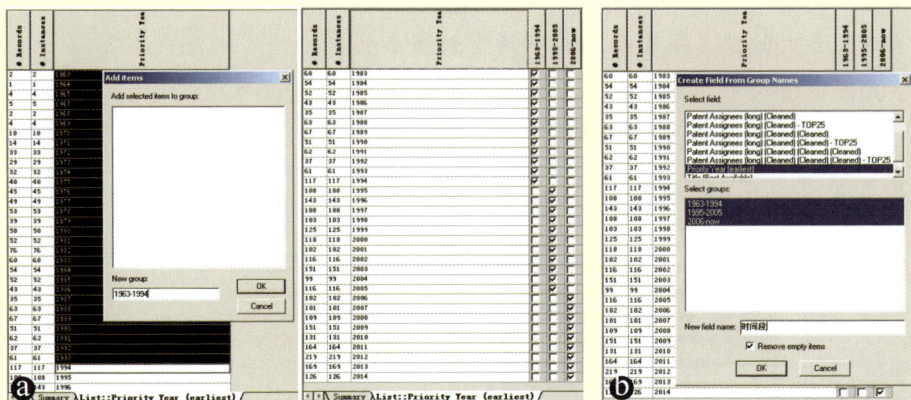

图 3-4　DDA 软件中时间切片的创建操作

案例 3.4　新发明人 / 新技术时序分析法

以全球农业装备自动导航技术为例介绍新发明人 / 新技术时序分析法[①]。图 3-5 中的红色和蓝色柱子部分分别表示该领域某年度的专利中新发明人和原有发明人的数量；图 3-6 中的红色和蓝色柱子部分分别表示该领域某年度的专利中新技术分类和原有技术分类的数量。由图可知，有越来越多的发明人进入

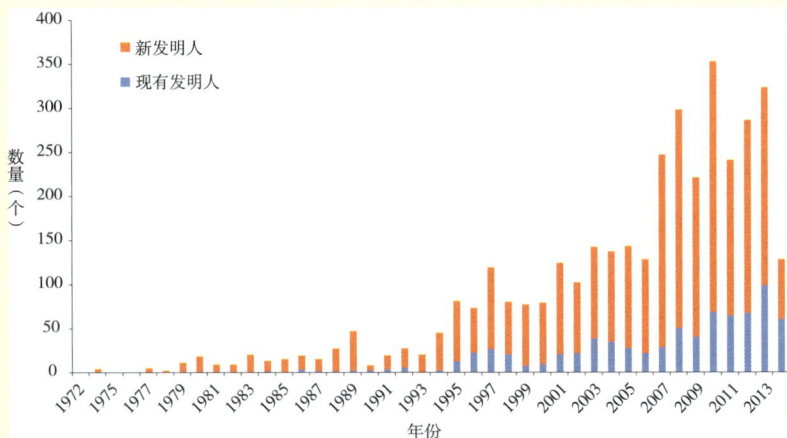

图 3-5　农业装备自动导航技术新发明人时序分析

农业装备自动导航技术领域；同时，该领域每年都有大量的新技术条目涌现。这提示农业装备自动导航技术正处于快速发展时期，全球市场需求很大，技术研发活跃，可以预测，在未来几年中全球农业装备自动导航技术专利申请量将会继续保持稳步增长趋势。

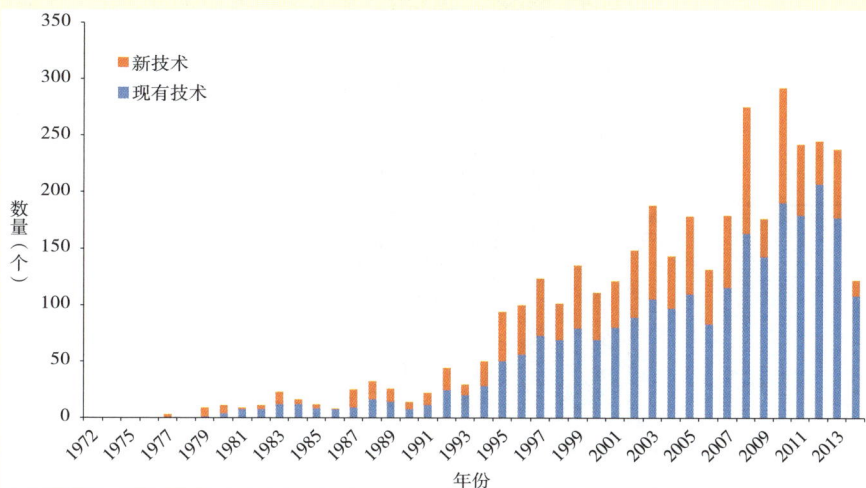

图 3-6　农业装备自动导航技术新技术时序分析

数据来源

在 DDA 软件中，图 3-5、图 3-6 的数据可用自动分析报告 "DDA Tech Report" 中的 "Technology trend" 和 "People trend" 分析模块得到。

自动报告获得方法："Scripts"→"Run a Script"→"Report–Technology Report"→选择自动报告要分析的主题→"打开"（图 3-7）。

3.2　技术生命周期分析

技术生命周期是科技管理领域重要的研究主题之一。专利技术生命周期可帮助企业确定当前技术所处的发展阶段、预测技术发展极限，从而进行有效技术管理的方法。技术生命周期分析是专利分析中最常用的方法之一。通过分析专利技术所处的发展阶段，可以了解相关技术领域的现状，推测未来技术发展

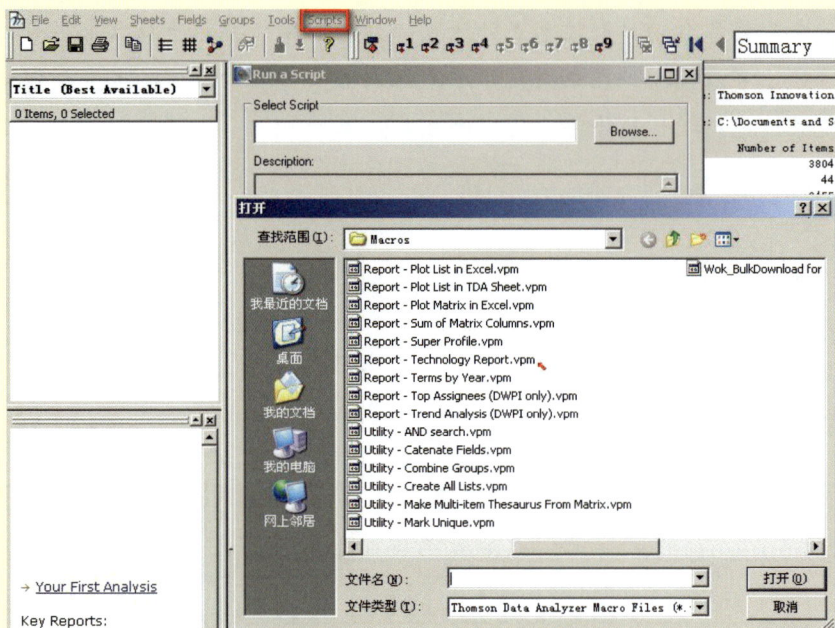

图 3-7　DDA 软件中自动技术分析报告操作

方向。

专利技术在理论上按照技术萌芽期、技术成长期、技术成熟期和技术衰退期 4 个阶段周期性变化。

①技术萌芽期。在技术萌芽期阶段，技术没有特定的针对市场，企业投入意愿较低，仅有少数几家企业参与技术研发，并且可能来自不同领域或行业，专利权人数、申请的专利数量较少。但是这一时期的专利大多数是原理性的基础发明专利，可能会出现产生重要影响的发明专利。

②技术成长期。随着技术的不断发展，市场不断扩大，技术的吸引力凸显，介入的企业增多；专利申请的数量急剧上升，集中度降低，技术分布的范围扩大。

③技术成熟期。技术进入成熟期时，由于市场有限，进入的企业数量趋缓。由于技术已经相对成熟，只有少数企业继续从事相关研究，专利增长速度变慢并趋于稳定。

④技术衰退期。当某项技术老化或出现更为先进的替代技术时，企业在此

项技术上的收益减少，选择退出市场的企业增多。此时，有关领域的专利技术数量几乎不再增加，每年申请的专利数和企业数都呈负增长。

3.2.1 分析目的

通过对技术生命周期的分析，可以在不同的技术生命周期阶段制定与之相适应的技术发展策略。

①技术萌芽期。研发能力较强、规模较大的企业可以加大研发投入，尽早取得整体的技术突破，加快基础性技术的专利布局；对于中等企业，需要选择适合发展的技术分支进行重点研究，优先需要将有限的资源充分配置在核心技术上；对于小微企业，需要依靠研发合作，选择某一重点技术进行研发合作创新。

②技术成长期。技术创新能力中等的企业可以采用模仿创新战略；规模较小的企业可进一步选择跟随创新战略；具有资金或技术优势的企业可以自主研发新的市场需求技术，开拓新的市场，尝试摆脱对先进企业的依赖。

③技术成熟期。中小企业进入市场难度加大，可以进行二次创业，形成新的技术制高点，立足于如何利用市场缝隙获得生存和有限成长。

④技术衰退期。考虑成本优势，节约资源，可通过技术引进方式进行技术选择；选择性撤出效率低下的技术，使资源得到集中发挥；转变某些导致收入弹性较低的产品，并通过技术转化进行产品转型，使产品得到新的定位；确定核心技术，选择使核心技术得到充分发挥的技术。

3.2.2 分析方法

专利技术生命周期的分析方法主要有图示法和指标评价法。图示法是通过对专利申请数量或获得专利权的数量与时间序列关系、专利申请人数量与时间序列关系等问题的分析研究，绘制技术生命周期图，推算技术生命周期。在实际研究中，图示法也可以用时间序列法直接展开专利权人或专利申请人数量对应的专利或专利申请数量图来表征专利技术的生命周期。指标评价法由于存在计算复杂、数据处理量大、直观性不够等缺点，在实际分析中的可操作性不如图示法。

3.2.3 分析案例

案例 3.5 技术生命周期图分析方法

从图 3-8 可以看出，全球农用机器人技术经过 20 世纪 70 年代末至 90 年代初的第一阶段技术萌芽期后，大致在 1992 年前后开始进入第二阶段技术成长期。虽然偶有波折，专利申请人数量和专利申请量总体出现大幅增长，目前仍处于该阶段。可以预见，随着技术点的突破、市场需求提高及市场化能力的进一步提升，该技术的发展活跃程度仍有很大的提升空间[①]。

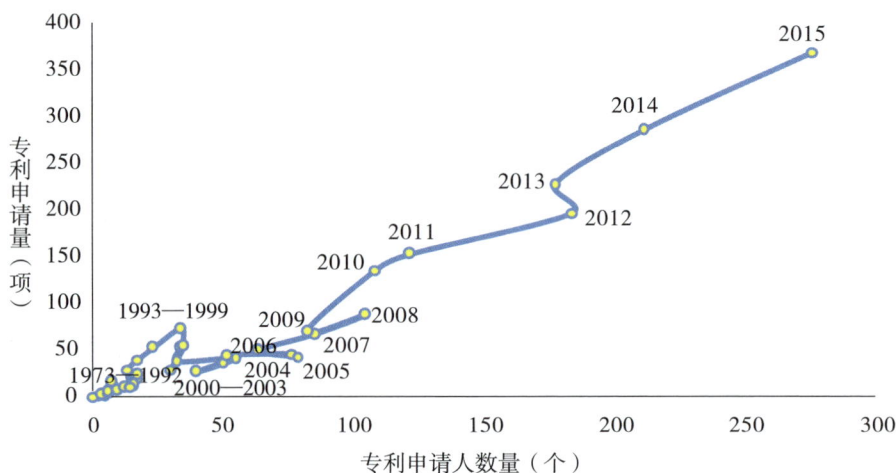

图 3-8 全球农业机器人专利技术生命周期

数据来源

在 DDA 二维矩阵分析模块中，选择"Priority Year（earliest）"与"Patent Assignees（long）（cleaned）"生成二维数据，得到专利申请人数量与时间序列关系。在一维分析模块中，选择"Priority Year（earliest）"列出年度专利数量数据，得到专利申请量与时间序列关系（图 3-9）。

---

① 应向伟，谌凯，林志坚 . 农业装备智能控制系统发展动态研究报告 [R]. 杭州：浙江省科技信息研究院，2015.

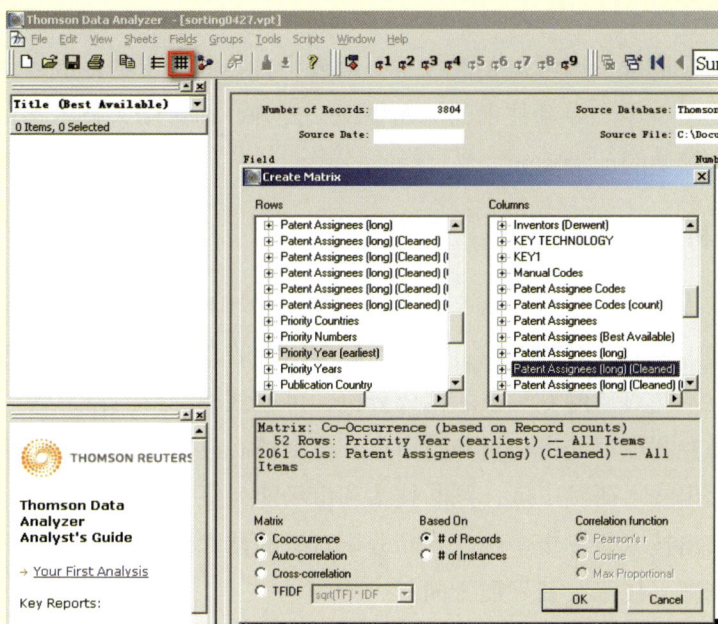

图 3-9　技术生命周期图法数据来源（DDA 界面）

做图方法

在 Excel 软件中，可按下列数据（图 3-10）排列方式做散点图，再插入年份注释文本。

	A	B	C
		申请人数量	专利申请量
	1973	4	2
	1974	2	2
	1975	0	0
	1976	0	0
	1977	4	3
	1978	3	3
	1979	6	5
	1980	3	3
	1981	7	16
	1982	9	7
	1983	6	5

图 3-10　技术生命周期图制作方法（Excel 界面）

3.3 技术构成分析

在专利分析中，通常需要对技术分解表中各技术分支的专利申请量进行统计分析，以了解主要专利技术的分布情况。此外，通过新兴技术构成分析，可洞察某技术领域的前沿动向。

3.3.1 分析目的

技术构成分析对象可以是与技术、人物或地域相关的专利数据，也可以是技术、人物、地域、专利类型、法律状态等组合的专利数据。

通过对不同对象的专利技术构成分析，可达到如下目的：

①了解专利申请的密集点和空白点，找出核心技术分支及重点专利；

②评估出技术研发广度，判断技术和市场能力更强的分析对象；

③评估出技术研发集中度，判断分析对象的技术研发和市场推广侧重点；

④预判新兴技术及其发展方向。

3.3.2 分析方法

技术构成分析的前提是对专利数据进行技术层面的归类，可直接依据专利著录项中的分类号信息（如国际专利分类、联合专利分类和德温特手工代码等）进行归类排序，即分类号频次排序分析法；可根据专利分析工具生成的主题词进行归类排序，即主题词频排序分析法；也可根据实际需求进行定制化的主题分类（如按功能、结构、材料等进行多角度分类），即基于需求的定制化主题分析法。

在表现形式上，可用技术构成分析图表直观、系统地展示分析对象的专利技术整体构成情况。可以采用柱形图、条形图、饼图／环图、矩形树图、瀑布图来反映各个技术分支专利申请量的比较，也可采用列表展示法。

3.3.3 分析案例

（1）分类号频次排序分析

分类号分析法可通过对所采集的分析样本中的专利分类号对应的专利数量或占总量的比例进行统计和频次排序，其中排名靠前、所占份额较大的分类号对应的技术内容为重点技术。在实际分析过程中，可根据专利数量和课题具体情况，选择分类号的细分等级。例如，IPC 分类号可按大类、小类、大组、小组 4 个等级进行分类。使用时应注意不同分类系统的特点（详见第一章"1.1.6 专利的分类"），选用合适的分类系统。

案例 3.6　IPC 分类号频次排序分析法

表 3-1 根据 IPC 分类排序，列举了海底电缆主要技术分布[①]。其中，H01B-0009/02（带有屏蔽层或导电层的海底电缆）和 H01B-0007/17［海底电缆的防护结构（如护套或铠装）］这 2 项技术专利量最多，分别为 116 项、101 项；之后是 H01B-0007/28（防护潮湿、腐蚀、化学侵蚀的结构）和 H01B-0007/282（防止流体进入导体或电缆护套或铠装），专利量分别为 83 项、81 项。在排名前 20 位的技术分类中，有 12 项涉及海底电缆的屏蔽、防护和绝缘的技术，提示该技术领域可能是海底电缆研究的热点。此外，H01B-0011/22（光电复合海底电缆）与 G02B-0006/44（光电复合缆的光导纤维防护结构）、H01B-0009/06（油压电缆或压缩气体电缆）、H01B-0003/44（乙烯类、丙烯酸类树脂绝缘材料的电缆）等技术的专利数量也较多。

表 3-1　海底电缆主要专利技术分布

排名	IPC 分类号	海底电缆相关技术	专利量（项）	占比
1	H01B-0009/02	带有屏蔽层或导电层的海底电缆	116	13.0%
2	H01B-0007/17	海底电缆的防护结构（如护套或铠装）	101	11.3%
3	H01B-0007/28	防护潮湿、腐蚀、化学侵蚀的结构	83	9.3%
4	H01B-0007/282	防止流体进入导体或电缆护套或铠装	81	9.1%
5	H01B-0011/22	光电复合海底电缆	68	7.6%
6	G02B-0006/44	光电复合缆的光导纤维防护结构	64	7.2%
7	H01B-0007/18	防护机械损伤的结构	64	7.2%

---

① 林志坚. 高压交联聚乙烯海底电缆前沿关键技术研究 [R]. 杭州：浙江省科技信息研究院，2016.

续表

排名	IPC 分类号	海底电缆相关技术	专利量（项）	占比
8	H01B-0007/22	保护电缆的金属线或金属带	63	7.1%
9	H01B-0013/00	海底电缆制造设备	58	6.5%
10	H01B-0009/06	油压电缆或压缩气体电缆	57	6.4%
11	H02G-0015/08	海底电缆连接配件	56	6.3%
12	H01B-0003/44	含乙烯类、丙烯酸类树脂绝缘材料的电缆	53	5.9%
13	H01B-0007/02	绝缘层的配置	46	5.2%
14	H02G-0015/14	专用于海底电缆的配件	45	5.0%
15	H02G-0001/14	用于电缆连接或终端处理的安装维护设备	35	3.9%
16	H01B-0013/22	加护套、铠装、屏蔽层的保护方法	30	3.4%
17	H01B-0007/285	通过完全或局部填充电缆中的间隙的保护方法	27	3.0%
18	H01B-0007/32	带有如击穿、漏电等故障的指示装置	24	2.7%
19	H01B-0007/04	可弯曲的电缆	18	2.0%
20	H01B-0003/52	含木、纸、压制纤维板的绝缘材料	16	1.8%

数据来源

在 DDA 一维分析模块中，选"International Classifications"（IPC 分类号）字段可获得相关数据；也可从自动分析报告"DDA Tech Report"中的"Technology Profile"模块得到。

案例 3.7　DII 手工代码（MC）频次排序分析法

DII 手工代码和 IPC 分类号一样包含了丰富的专利技术信息，手工代码更侧重于从应用的角度编制分类。本案例通过对农业机器人技术相关专利进行基于手工代码的统计分析，可以了解、分析农业机器人专利主要涉及的技术领域和技术重点等。

表 3-2 列出了农业机器人技术领域 TOP 20 专利的 DII 手工代码[①]。综合文献综述及手工代码分析结果，得出农业机器人技术领域的关键技术：目标探测与定位技术、末端执行器和自动导航技术，相关专利所占比例分别为 17.3%、11.9% 和 7.3%。

表 3-2　农业机器人技术领域 TOP 20 专利的 DII 手工代码

排名	申请量（项）	手工代码	手工代码类目	占比
1	194	T06-D07B	机械手的控制	10.9%
2	182	X25-N01	耕种装备	10.2%
3	148	X25-A03E	机械手	8.3%
4	135	T06-B01A	位置或航道的二维控制	7.6%
5	121	T06-D01A	土壤耕作、播种和收获装备的控制	6.8%
6	105	X25-N01A	土壤耕作、播种和收获装备	5.9%
7	103	X27-A01A	割草机	5.8%
8	70	T06-D01	农业装备的控制	3.9%
9	64	A12-W04	聚合物在农业方面的应用	3.6%
10	62	X25-F05A	机器人车辆	3.5%
11	56	X25-A03F	机械手的控制	3.1%
12	54	X27-A01	园林设备	3.0%
13	53	T01-J07B	生产 / 工业机械的计算机控制和质量控制	3.0%
14	42	A12-H	聚合物在机械工程方面的应用	2.4%
15	42	T01-J10B2	图像分析	2.4%
16	40	X22-P09	农用车辆	2.2%
17	38	W05-D08C	远程控制	2.1%
18	35	T06-D08F	机器人车辆的控制	2.0%
19	32	T01-J07D1	车辆微处理器系统	1.8%
20	32	T05-K05	输送带上物品的分选和输送	1.8%

---

① 应向伟，谌凯，林志坚 . 农业装备智能控制系统发展动态研究报告 [R]. 杭州：浙江省科技信息研究院，2015.

数据来源

在 DDA 一维分析模块中，选"Manual Codes"（手工代码）字段可获得相关数据；也可从自动分析报告"DDA Tech Report"中的"Technology Profile"模块得到。

（2）主题词频排序分析

主题词频排序分析是通过对所采集的分析样本中技术主题词对应的专利数量或占总量的比例进行统计和频次排序，其中排名靠前、所占份额较大的技术主题词对应的技术内容为重点技术。

该分析方法实施要借助专业的分析工具，如在 DI 中。通过文本挖掘或自然语言技术等实现对技术主题词对应的专利数量或占总量的比例进行统计和频次排序，并借助可视化工具制作图表。在 DI 的 ThemeScape 地图中，还具有人机对话功能，允许分析人员进行人工标引获得相关的技术主题，再进行统计和频次排序。

案例 3.8　主题词频排序分析法：专利地图和文本聚类分析

图 3-11 至图 3-13 展示了海底电缆技术全球专利 ThemeScape 地图和文本聚类分析结果[①]。可以看出，2005—2014 年，研究热点集中在电缆铠装、护套层、绝缘层、电缆连接技术、交联聚乙烯电缆、光电复合缆等技术领域。其中，电缆铠装和电缆连接技术的专利进一步增多；而新出现的研究热点并不多。值得一提的是，研究热点中出现的"Bismuth titanate"（钛酸铋）为钛酸盐在海底电缆中的首次应用。该技术来源于江苏省苏州市的沈群华、凌卫康等申请的几项发明专利（CN104700935A 等，申请时间均为 2014 年），通过在硅烷交联聚乙烯绝缘层中添加钛酸铋、钛酸锶、钛酸钙、钛酸镁等钛酸盐，提高海缆的耐压等级。此外，铠装和防护层中也出现了"Carbon fibre"（碳纤维）、"Aluminum core, Tin layer"（铝芯，铅外套）等新的技术。

---

① 林志坚 . 高压交联聚乙烯海底电缆前沿关键技术研究 [R]. 杭州：浙江省科技信息研究院，2016.

图 3-11　海底电缆技术全球专利 ThemeScape 地图（1959—2014 年）

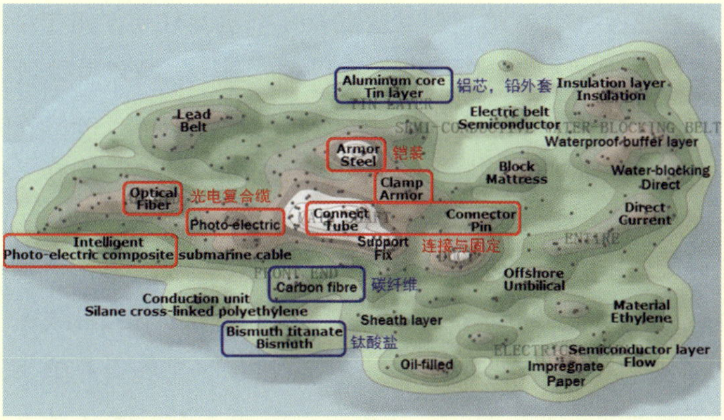

图 3-12　海底电缆技术全球专利 ThemeScape 地图（2005—2014 年）

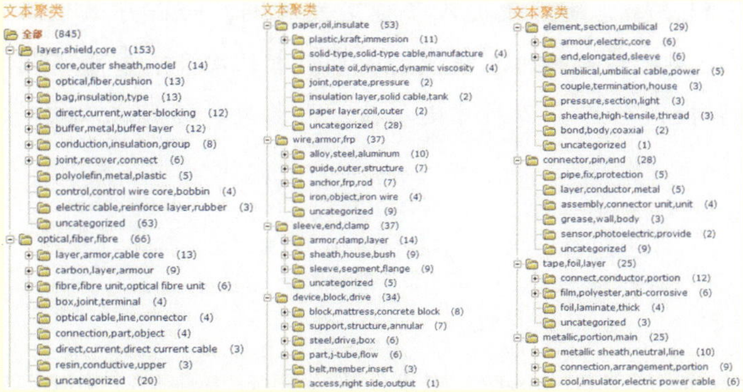

图 3-13　海底电缆技术全球专利文本聚类分析（1959—2014 年）

数据来源

ThemeScape 地图做法可详见第二章 "2.3.3.2 ThemeScape 专利地图分析"部分；专利文本聚类结果可从 DI 或 DII 数据库的主题词聚类分析中获得。

（3）基于需求的定制化主题分析

根据分析目的需求，可在建立某技术领域专利总库的基础上，从应用、功能、结构或材料等多种角度列出各分支技术检索策略，进行专利检索。提取专利，筛选后建立各分支技术专利子库，实现定制化主题分析。

案例 3.9 需求定制化主题分析法

在虚拟现实产业研究课题中，综合客户需求意见和专家咨询结果，确定了游戏体育、医疗卫生、教育培训和航空航天 4 个虚拟现实应用子领域，开展专利分析。检索策略的制定以 DII 手工代码和 IPC 为主，辅以关键词检索。

从图 3-14 可以看出，在虚拟现实技术主要应用领域，游戏体育的专利数量最多，达 1694 项，占该类技术专利总量的 19%。其次是医疗卫生领域，有专利 1161 项；而教育培训和航空航天领域相关专利相对较少，分别只有 469 项和 438 项。从各项分技术发展趋势来看，如图 3-15 所示，虚拟现实技术在医疗卫生领域的应用最早，出现于 1987 年；而其他 3 个应用领域专利出现的时间均在 1989 年及以后。从发展趋势来看，虚拟现实在医疗卫生、游戏体育和航空航天领域的应用发展较快，均是在 1992 年前后开启了技术成长期；但是三者的发展趋势各有特点：航空航天和游戏体育的专利数量分别在 1995 年和 2000 年达到高峰，随后便进入了稳定发展期，而医疗卫生的专利数量在 1996 年达到小高潮后，则进入缓慢增长期。相比之下，在教育培训领域的应用发展相对较慢，1995 年以后才进入技术成长期，随后进入波动发展期，延续至今[①]。

---

① 林志坚 . 杭州未来 5 ～ 10 年高新技术新兴产业领域选择性研究：虚拟现实产业发展态势研究 [R]. 杭州：浙江省科技信息研究院，2016.

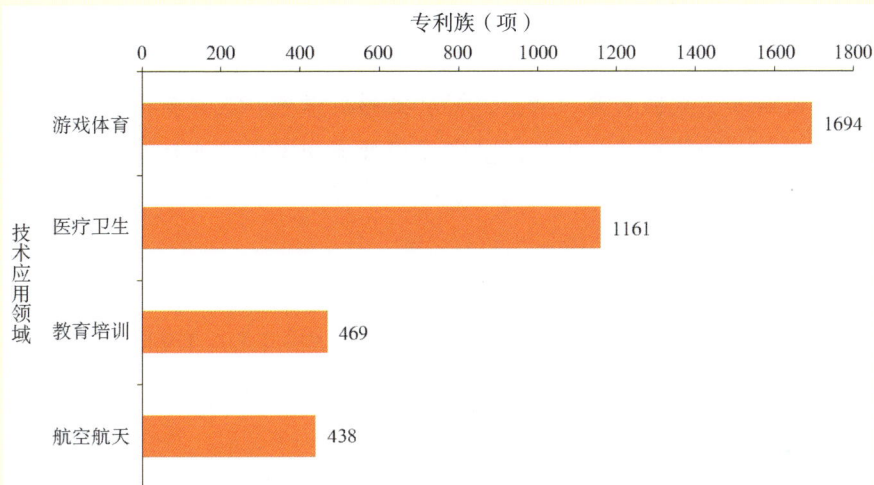

专利族（项）

图 3-14　虚拟现实技术主要应用领域分布

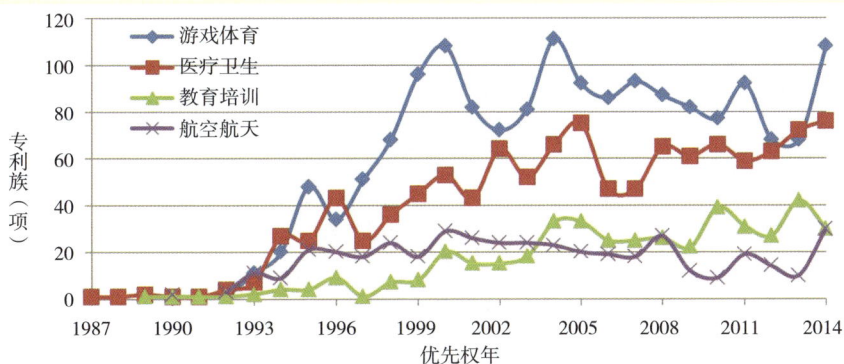

图 3-15　虚拟现实技术主要应用领域专利年度分布

（4）新兴技术分析

案例 3.10　基于首次出现手工代码的新兴技术分析法

表 3-3 列出了 2014—2016 年虚拟现实领域首次出现且专利量较大的德温特手工代码[①]。其中，专利数最多的是光强度控制与放大技术，随后是用于图

────────

① 林志坚.杭州未来 5～10 年高新技术新兴产业领域选择性研究：虚拟现实产业发展态势研究 [R].杭州：浙江省科技信息研究院，2016.

像投影和记录的光学系统，摄影仪器及其投影，视频投射设备的内部结构与冷却、摄影图像的构造细节，HDMI（高清晰度多媒体接口）技术，高分子聚合物制备的数据服、数据头盔，全景、宽屏摄影技术等。这些新兴技术相关专利主要来自 Facebook、三星、万代南梦宫等国外虚拟现实产业巨头，以及国内的深圳虚拟现实科技有限公司。

数据来源

近三年首次出现的手工代码可从自动分析报告"DDA Tech Report"中的"Recent Technologies"（近三年技术趋势）模块得到。

表 3-3　虚拟现实技术领域 2014—2016 年首次出现的手工代码

代码	含义	专利数
V07–K01C	光强度控制与放大	11
P81–A50E	用于图像投影和记录的光学系统	11
P82–A02	摄影仪器及其投影	11
W04–Q01H5	视频投射设备的内部结构与冷却	8
P82–T99	摄影图像的构造细节，如影像的捕捉、投射与打印设备	8
W03–G05C3	HDMI（高清晰度多媒体接口）技术	7
A12–C02B	高分子聚合物制备的数据服、数据头盔	5
P82–B05	全景、宽屏摄影技术	5
W04–E30A5	动作记录与同步播放系统	4
P26–A10A	座椅、扶手、头靠与背靠设备	4

3.4　技术路线分析

技术路线图是一项重要的战略规划和决策工具，最早出现在美国汽车行业。汽车企业为降低成本要求供应商为他们提供产品的技术路线图。在 20 世纪 70 年代后期和 80 年代早期，摩托罗拉公司和康宁公司先后采用了绘制技术路线图的管理方法对产品开发进行规划。摩托罗拉公司主要用于技术进化和技术定位，康宁公司主要用于公司和商业定位战略。继这两个公司之后，许多国际大公司，如微软、三星、朗讯、洛克·马丁和飞利浦等都广泛应用了这项管理技术。此外，许多政府机关、产业团体和科研单位也开始利用这种方法对其所属部门的技术进行规划和管理。

专利技术路线分析是基于专利文献信息分析描绘某技术领域的主要技术发展路径和关键技术节点，其主要功能如下：①无论对于国家层面、行业层面、企业和研究机构层面，还是对于一个技术领域的主流专利技术发展状况，技术路线分析具有很好的认知功能；②技术路线分析能够从技术链的完整视野提供较为全面的决策信息，具有不可替代的决策功能；③技术路线图可以清晰直观地展现技术发展路径和关键技术节点，具备良好的沟通功能。

本部分重点阐述了技术路线图的绘制方法，并利用典型的案例详细说明技术路线图的解读方法。

3.4.1　分析目的

专利技术路线用于表示某行业、技术领域和申请人等技术发展衍变的过程，有助于相关从业人员或研究人员从整体上把握技术的发展脉络，从而为技术开发战略研讨和政策优先顺序研讨提供信息基础和对话框架及决策依据，以提高决策效率。对于企业而言，专利技术路线分析具有以下作用。

（1）帮助企业厘清技术的发展主流

专利技术路线分析可以将技术发展的主要路径和关键技术节点可视化地展现出来，相当于一个巨大的"透视镜"，因此可以帮助企业抓住技术发展的主要矛盾，认清自身所处的实际位置，优化研发资源配置，以便迅速进入技术发展的主要路径这一"快车道"，加之对关键技术节点的研究分析，使得实现"弯道超车"成为可能。

（2）帮助企业获取更多的竞争情报

专利技术路线图相当于"作战地图"，一个技术领域的技术发展主要路径和关键技术节点就像是主要交通线和战略要地。通过对主要技术发展路径和关键技术节点的专利布局情况的掌握，可以更为准确地了解竞争对手的技术实力和研发动向，进而判断竞争对手的技术研发思路和专利布局策略，最终制定适合自身发展的研发策略。

（3）帮助企业把握技术未来发展方向

专利技术路线图能够帮助企业发现自身技术相对于先进技术的真实差距，把握技术研发方向，就像航海时指南针的作用一样。同时，专利技术路线分析还可以进行短期的技术预见，企业可以使用这一"望远镜"进行超前布局，实现自身技术的超越式发展。

3.4.2　分析方法

专利技术路线图应用简洁的图形、表格、文字等形式描述技术变化的步骤或技术相关环节之间的逻辑关系。通常包含横轴和纵轴，横轴通常是时间，纵轴是技术或产品，能够展示不同技术或产品的重要专利及其相互关系。

在绘制方法上，技术路线图有以下 3 种绘制思路。

①利用专利引证关系表示出专利技术之间的关联性，研究对象可以围绕某个具体的产品，也可以围绕某项核心专利技术。

这种绘制思路存在两个较难解决的问题：一是技术的发展不是线性的演进，而是出现了跳跃式发展时，专利引证关系可能会"断开"；二是如何从复杂的专利引证关系剥离出主要的技术路径。

②利用技术发展中需要解决的功能或效果（技术改进的动力）作为修剪专利引证关系的依据。

③以技术发展需求为主线，专利引证关系、主要申请人 / 发明人为线，通过非专利文献信息、行业专家、专利被引频次等途径筛选代表关键技术节点的重要专利。

在表现形式上，技术路线图可以通过线性进程图、泳道图和地铁图表示：

①线性进程图用于展示单一技术或产品的技术演进情况；

②泳道图用于展示多个技术或产品在同一时间轴上的技术演进情况；

③地铁图用于展示多个技术或产品的技术演进情况，相较泳道图，其改进在于取消了固定的时间轴。

3.4.3　分析案例

案例 3.11　基于核心专利引证关系的技术路线图分析方法

本案例选取了先进动力公司的专利 US5262336A 进行分析，该专利的最早申请日为 1986 年 3 月 21 日，被引用频次为 75 次。在引用 US5262336A 的专利中，有一些专利本身被引频次也非常高，将这些专利与 US5262336A 之间的相互关系及随年代的变化情况在图 3-16 中展现①。

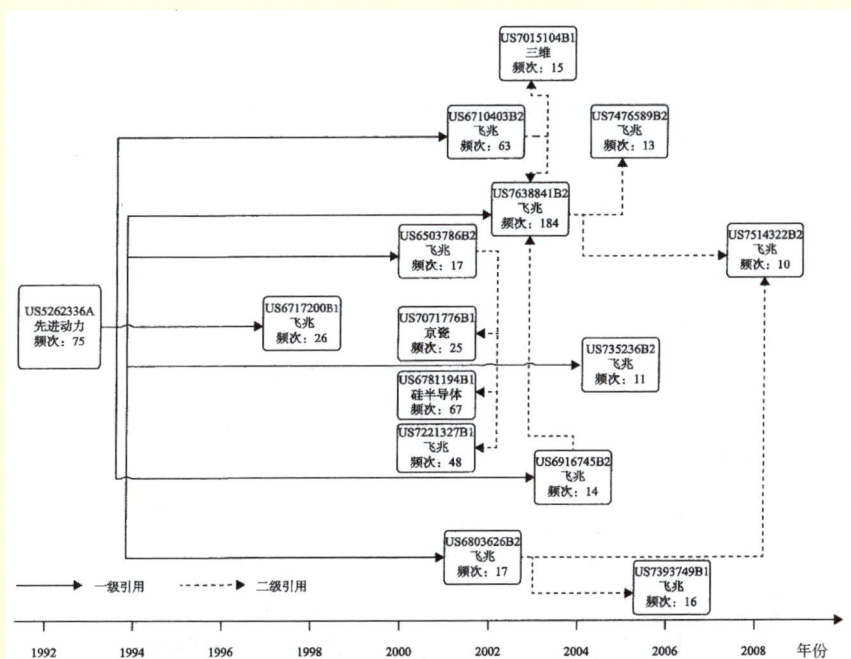

图 3-16　基于核心专利引证关系的 IGBT 制备工艺专利技术发展路线

US5262336A 在不同的年代都被被引频次较高的专利引用，可见其受关注的程度。同时，在引用 US5262336A 的专利中，其引用专利之间有着较多的交叉引用关系，在这些专利中，US7638841B2 和 US6710403B2 与较多的专利有着前后的引用关系。US5262336A 公开了绝缘栅双极型晶体管（IGBT）的制备方案及性能改进方法，主要涉及：耐压 500 V 的三层或四层功率半导体器件的制备方案；寿命控制技术；N 缓冲层的选择及防极化的钝化层。该专利由于技术方案比较基础，涉及的改进方面较多，因此被引频次很高。

①　改编自：杨铁军.产业专利分析报告（第 10 册）：功率半导体器件 [M].北京：知识产权出版社，2013：153.

案例启示

该案例的引证关系主要表征了 US5262336A 在整个功率半导体器件领域的技术扩散、技术延伸。当然，也可以对其二级引用关系进行进一步的深入分析，可以更好地展现该专利技术与其他领域的技术融合及未来的技术发展方向等情况。

案例 3.12　基于功能和效果分析的技术路线图分析法：泳道图技术路线分析法

基于功能和效果分析的技术路线图分析法综合考虑专利的技术功效和引证关系，技术路线图绘制思路如图 3-17 所示[①]。

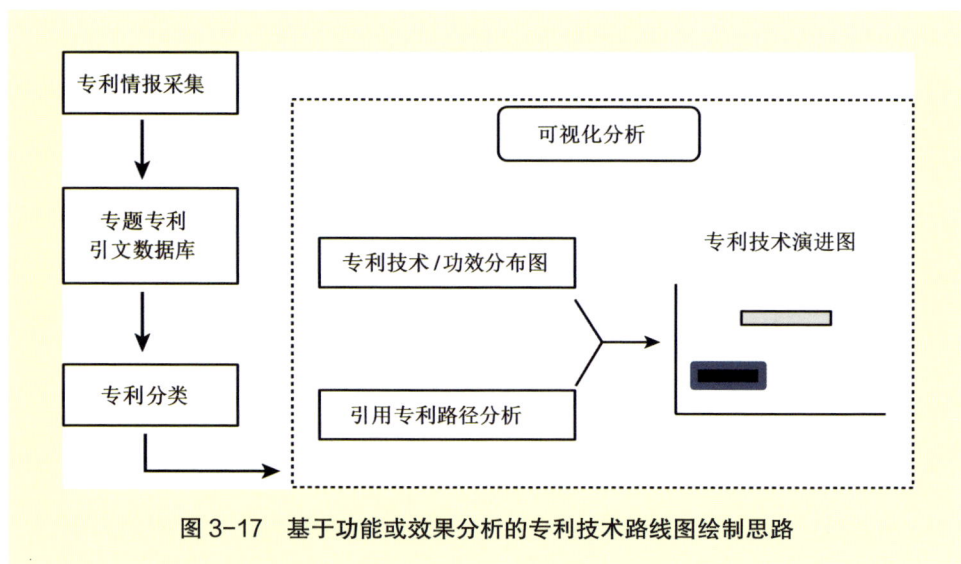

图 3-17　基于功能或效果分析的专利技术路线图绘制思路

泳道图分析法是按项目类别划分为多个泳道，各项目类别分布在其对应的泳道上。在专利技术分析中，泳道图以一个共同的时间轴为基准轴，不同技术或产品对应不同泳道，以分别展示对应技术或产品的专利技术演进情况。

以全球海底电缆关键技术为例展开分析，如图 3-18 所示[②]。

---

① 侯筱蓉 . 基于引文路径分析的专利技术演进图研究 [D]. 重庆：重庆大学 , 2008.

② 林志坚 . 高压交联聚乙烯海底电缆前沿关键技术研究 [R]. 杭州：浙江省科技信息研究院，2016.

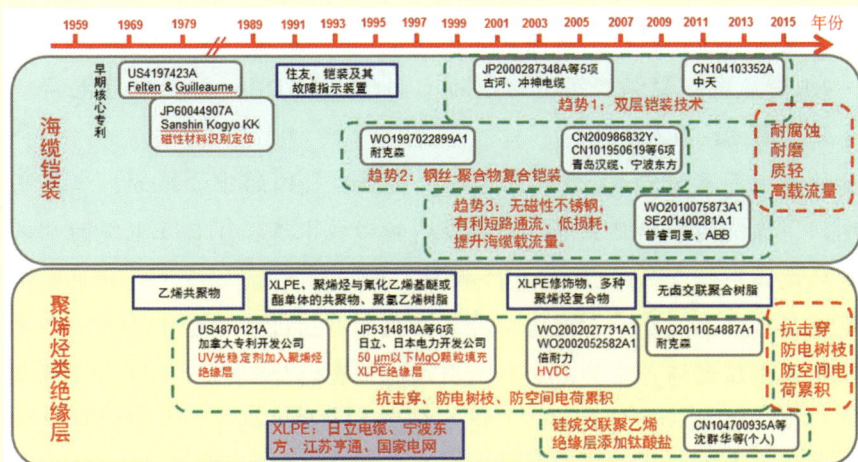

图 3-18　海底电缆的铠装、聚烯烃类绝缘专利技术发展路线

当前，全球海底电缆技术热点集中在电缆铠装、绝缘层、电缆连接技术、交联聚乙烯电缆、高压电缆、光电复合缆等技术领域，其中，电缆铠装和聚烯烃类绝缘技术的专利近年来增长明显。在前期分析的基础上，绘制了海底电缆的铠装、聚烯烃类绝缘技术发展路线图，提出以下分析结果、建议。

（1）海底电缆铠装技术向耐腐蚀、耐磨、质轻、有利载流量提升的方向发展

从技术来源看，主要来自国外的古河电工、住友电工、耐克森和ABB、国内的宁波东方、江苏亨通、国家电网和中天科技等企业。核心技术有：①双层铠装技术提高机械性能。代表技术有：古河电工和冲绳电力有限公司在1995—2004年联合申请的5项双层铠装海缆专利族（JP2000287348A等）；中天科技的PCT专利"环保型防海虫双钢丝铠装光纤复合海底电缆"。②钢丝-聚合物复合铠装。代表技术有：耐克森公司的"钢丝和增强聚合物填料组成的特殊结构铠装"，具有质轻、耐磨的特点；宁波东方的5项以PP填充绳作为混合型铠装的专利族。③无磁性不锈钢铠装。代表技术有：普睿司曼的"无磁性不锈钢材料替代碳钢制造铠装层技术"，有利于短路通流、降低损耗，提升海缆载流量，同时提高电缆的机械性能和耐腐蚀性；ABB公司的"带有不锈钢铠装和铠装层连接器的高压交流海底电缆"。这些提示，改变铠装材质是提高海底

电缆载流量的有效方法之一。国际海底电缆巨头已在该技术领域掌握核心技术并开展了专利布局，国内企业须重点关注。

（2）海底电缆聚烯烃类绝缘层技术向防止 XLPE 绝缘层空间电荷、提高抗击穿强度的方向发展

从技术来源看，XLPE 海缆的专利主要来自我国的宁波东方、江苏亨通和国家电网，以及国外的日立电缆等企业。核心技术有：①日立电缆的"采用经乙烯基硅烷偶联剂表面处理的 MgO 颗粒（优选 50 μm 以下）作为填充剂的海缆电绝缘层"技术。②加拿大专利开发公司的"通过在树脂中添加 UV 光稳定剂以阻止因高压电场产生的 UV 辐射引起的聚合物降解，防止聚烯烃绝缘树脂产生电树枝"技术。③耐克森的无卤交联聚合树脂。此外，"通过在硅烷交联聚乙烯绝缘层中添加钛酸铋、钛酸锶、钛酸钙、钛酸镁等钛酸盐，提高海缆的耐压等级"等是近年来出现的新技术，主要为中国专利权人所掌握。

案例启示

技术路线中的专利文献信息往往包含申请人信息，这有助于企业识别该技术领域的主要竞争对手或合作伙伴。为了突出申请人，也可以采用企业的 Logo 代替申请人的名称，这样借助图形元素可以快速加深读者对申请主体的总体认识。

案例 3.13　基于功能和关键技术分析的企业产品技术路线图分析方法

图 3-19 展示了世界工业机器人技术的发展历程，经历了示教机器人、感知机器人及智能机器人 3 个重要阶段。随着技术的不断进步，工业机器人也逐步走向模块化、一体化、网络化。ABB 公司作为工业机器人行业的领军企业，其研发动向在遵循这一整体发展脉络的同时，也具有其自身的特点——在自身的技术优势（控制技术）方向上持续巩固，在其他方向上不断兼容吸纳全面发展[①]。

---

① 改编自：杨铁军.产业专利分析报告（第19册）：工业机器人 [M].北京：知识产权出版社，2014：332.

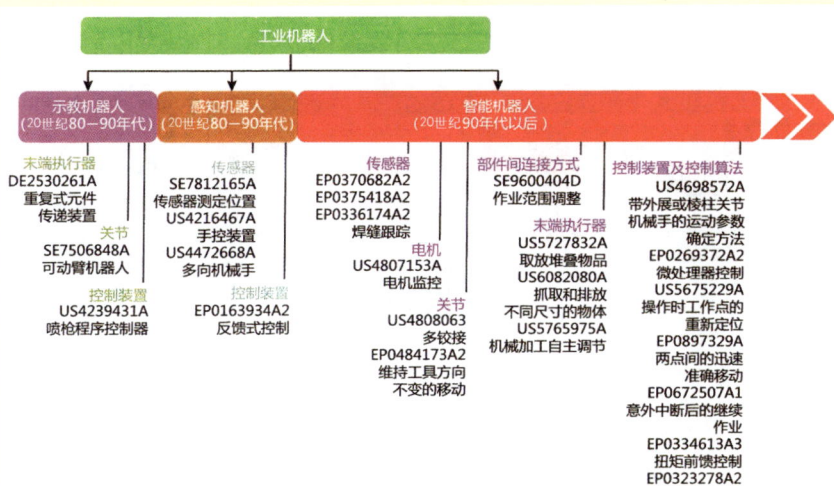

图 3-19　ABB 公司工业机器人专利技术发展路线

案例 3.14　基于技术主线 + 多元分线综合分析的技术路线图分析方法

　　该方法是综合考虑多种信息，以技术进化的主要推动力——技术需求作为主线，通过多种因素筛选关键技术节点，避免了单纯使用专利引证关系带来的缺陷，使得技术路线更为接近实际。在实际技术路线图的绘制和分析过程中，除了专利申请的技术分支和功效、申请人信息等维度，也有研究人员从非专利文献信息、专利等级等方面考虑，更加全面和深入地解读专利技术路线图。

　　图 3-20 为切削加工刀具涂层结构技术发展路线图，通过不同节点的重要专利可以看到技术的变化和改进。基于对技术发展路线图的分析可看出，40 多年间，刀具涂层发展共经历了单层涂层、双层涂层、多层涂层、软硬涂层、梯度涂层和纳米 6 个代际。横向表示每个代际的技术改进路径，从图中各节点专利的技术内容能很快地掌握改进的具体信息。例如，单层涂层最开始采用的是碳化物，山特维克在此基础上研发出了 Al_2O_3 涂层；20 世纪 90 年代，金刚石涂层得到了应用，单层涂层最新的进展是研究单层涂层的微观结构。纵向表示各个代际之间的关系，从图中可以发现各代际之间也存在联系。例如，双层涂层和多层涂层就是在单层涂层无法满足性能要求的情况下开发出来的，目前切

削加工刀具涂层的前沿技术是纳米涂层技术[①]。

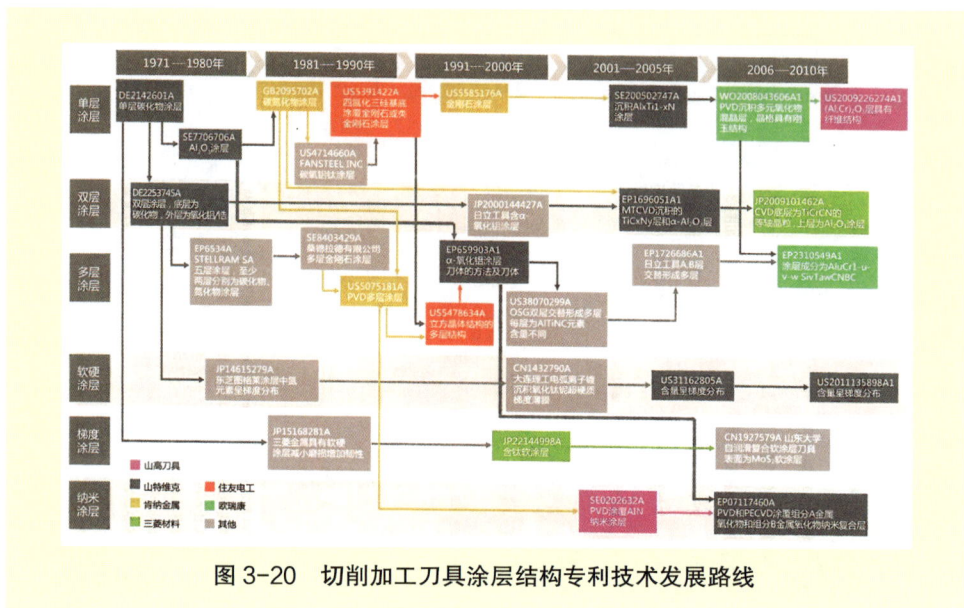

图 3-20　切削加工刀具涂层结构专利技术发展路线

案例启示

在技术发展路线的节点性专利中加入技术改进点等技术内容，可以更快速、充分地展现技术改进的具体内容，使读者更容易读懂技术发展路线图。

案例 3.15　地铁图法进行技术路线图分析

图 3-21 用地铁图展示了碳纤维增强复合材料 RTM 成型工艺中，通过改进树脂体系缩短固化时间的主要技术的发展路线。蓝绿色表示第一级技术分支，即树脂体系的种类：苯并噁嗪树脂和环氧树脂。粉红色表示第二级技术分支，及在环氧树脂体系中缩短其固化时间主要采用的技术手段：环氧树脂的链式固化、加入氧化物或加入助剂。橙色表示第三级技术分支，即助剂的种类，胺类、尿素类和咪唑类。每一个地铁站的小圆圈表示一项专利，并标注了其最早优先权日。虽然图中没有一个固定时间轴，但其实也是按照从左到右时间不断演进

---

①　改编自：杨铁军. 产业专利分析报告（第 3 册）：切削加工刀具 [M]. 北京：知识产权出版社，2012：114.

的方式在排列。从图中可以看出，不同的技术手段上的演进，如在使用胺类固化剂缩短环氧树脂的固化时间这一技术领域，陶氏分别在 2007 年、2011 年和 2012 年申请了专利 EP2112974A1、CN103619900A 和 US2015240025A1，这3 项专利就是对一类胺类化合物的具体结构进一步优选并获得了越来越短的固化时间[①]。

图 3-21　地铁图法分析碳纤维增强复合材料 RTM 工艺改进专利技术发展路线

3.5　技术功效矩阵分析

　　专利技术功效矩阵属于专利定性分析的一种，其通过对专利文献反映的技术主题内容和主要技术功能效果之间的特征研究，揭示它们之间的相互关系。技术功效矩阵分析可用于寻找解决具体技术问题的专利技术，也可以用于寻找技术空白点、研发热点和突破点。研发人员可结合自身的技术优势，使用技术功效矩阵这一专利分析方法指导技术研发。本节对技术功效矩阵分析的方法和表现形式进行了阐述，并给出了典型的分析和解读案例。

---

①　杨铁军. 专利分析可视化 [M]. 北京：知识产权出版社，2017：78.

3.5.1 分析目的

帮助技术人员掌握某专利技术领域专利组合或集群的技术布局情况，用于寻找技术空白点、研发热点和突破点，以规避技术雷区，发现潜在研发方向。技术功效矩阵分析的最终目的就是在深入了解技术发展和竞争对手的基础上，确定企业自身的技术发展方向并建立专利布局战略。

3.5.2 分析方法

技术功效矩阵构建方法的步骤：首先是选定技术及功效分类架构；其次是专利文献解读与分类标引；最后是制作技术功效矩阵图表。

（1）选定技术及功效分类架构

技术及功效分类架构是专利技术功效矩阵分析的前提和关键。技术及功效分类架构的方式主要有以下 3 种。

①人工选定架构：该方式是根据本领域技术专家的意见和建议，结合专利文献的技术信息，由专利分析人员形成专利技术和功效分类，并形成专利技术及功效分类的鱼骨图，再根据鱼骨图阅读专利说明书完成技术及功效分类勾选清单。其思路实质上是人工定义专利技术及功效分类，将其作为系统资料库；在此基础上建立本体论分类架构，实现本体语义分析，并利用本体知识层级关系建立专利与技术词、功效词之间的关系。

②使用文本挖掘工具架构：基于文本挖掘的技术主题、功能效果分析方法主要有术语词频统计、共词分析、文本聚类分析等。此类方法在分析过程中需要利用多种分析工具，包括一些通用的文本挖掘软件、社会网络分析软件和专门的工具。

③利用专利分类体系架构：发明的技术主题与某物的本质属性、功能相关，或者是与使用、应用某物的方法有关，其中，"物"指任何技术事物，无论其有形或无形。例如，方法、产品或设备，此思想正是体现在 IPC 分类设计中，IPC 分类遵循"功能分类"和"应用分类"规则。因此，如果技术功效分析所选定的技术主题较大，并不是特别细分的技术，就可以采用基于 IPC 分类体系的方法快速构建技术分类架构。该架构流程如图 3-22 所示 [①]。

---

① 马天旗.专利分析：方法、图表解读与情报挖掘 [M].北京：知识产权出版社，2015：146.

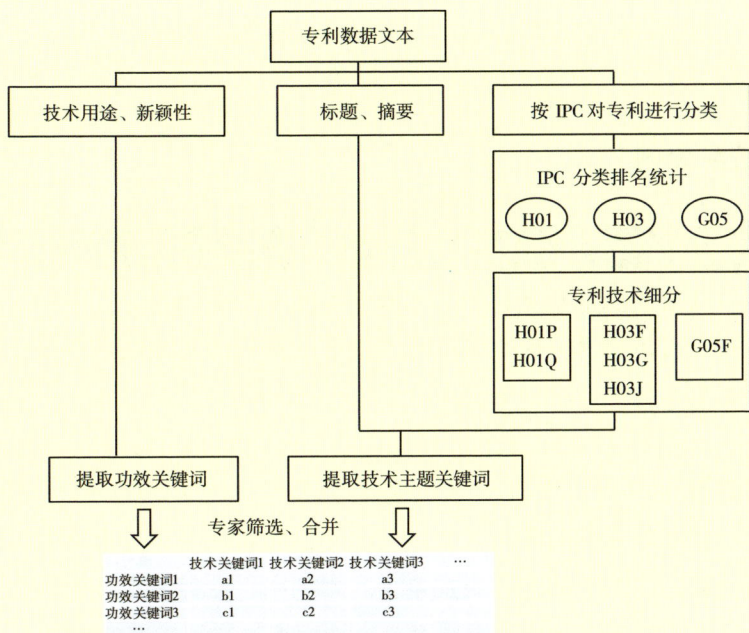

图 3-22　基于 IPC 分类体系的技术及功效分类架构流程

（2）专利文献解读与分类标引

在确定专利分析范围和技术及功效分类架构的基础上，该处理环节的重要任务是将专利数据与对应的技术及功效列表进行关联映射。针对人工构建的技术及功效分类架构，可以通过人工阅读每篇专利文献，进行手工分类标引；针对使用文本挖掘方法构建的技术及功效分类架构，可以将专利数据与构建的技术、应用、功效词库进行匹配，即可统计出每个特征词所对应的专利文献数量；针对利用专利分类体系方法构建的技术及功效构架，可直接根据文献的分类信息进行直接分类和标引。

（3）制作技术功效矩阵图表

基于形成特定技术主题的专利号码／技术功效矩阵映射表，利用一些工具软件完成最终矩阵图表的制作，如 Excel、PatentTech、DDA 等。

在表现形式上，技术功效矩阵可以借助矩阵表和气泡图来表示。其中，技术功效矩阵表是包含技术及功效 2 个要素的二维表格，行为功效，列为技术，表中展示专利数量、专利号码、专利权人等对象；矩阵表可借助颜色深浅、文字注释等多维度呈现分析结果。技术功效矩阵图的展现形式主要为气泡图，横轴为功效，纵轴为技术，气泡的大小代表专利数量的多少，可更直观地表达比较结果。

3.5.3 分析案例

案例 3.16 技术功效矩阵表分析法

技术功效矩阵表采用表格的形式表示技术和功效的关系。例如，在表 3-4 中行为功效，列为技术，两个维度交叉确定的是采用某种技术手段产生相应技术功效的同类专利申请的数量[1]。

案例启示

技术功效矩阵表相对于技术功效气泡图的优势在于，在表格中可以加入更多维度的信息，使分析的内容更加丰富。本例中，在每一个技术功效表格中还加入了时间维度的信息，能够看出每一个技术点的专利申请的趋势。

案例 3.17 技术功效气泡图分析法

气泡图是技术功效分析的另一种可视化表达方式，即用气泡的大小表示矩阵表中的数字。气泡图按表现形式分为普通气泡图、重叠气泡图、饼状气泡图和簇状气泡图等种类。

（1）重叠气泡图

如果需要比较不同国家或申请人在同一技术领域的技术功效布局，通常的做法是采用两张气泡图进行比较，但这种方式的缺点在于读者需要不断地把目光从一张图移到另一张图。为了解决这一问题，可以采用重叠气泡图来展示。

图 3-23 反映出以小原公司为代表的点焊钳供应商和以本田公司为代表的整车企业在技术功效布局的对比。可以看出，不同类型的企业在技术及功效上都有各自侧重。在功效上，小原关注的是焊点质量、小型轻量化和通用性，而对定位精度完全没有涉及，本田则比较关注焊点质量、可靠性和小型轻量化，而对通用性的研究则寥寥无几。在技术上，小原关注最多的是浮动机构和驱动

---

① 马天旗. 专利分析：方法、图表解读与情报挖掘 [M]. 北京：知识产权出版社，2015：146.

表3-4　结合时间要素的多维度专利技术功效矩阵表

目的 → 技术指标 ↓	二噁英分解物					降低成本					维修改进					种类和数量不断波动的垃圾防治					热回收和其他				
申请时间（年份）	1984—1986	1987—1989	1990—1992	1993—1995	1996—1998	1984—1986	1987—1989	1990—1992	1993—1995	1996—1998	1984—1986	1987—1989	1990—1992	1993—1995	1996—1998	1984—1986	1987—1989	1990—1992	1993—1995	1996—1998	1984—1986	1987—1989	1990—1992	1993—1995	1996—1998
液体燃料的燃烧特征		●	●	●						●			●			●			●	●				●	●
二次燃烧的温度控制		●	●	●	●			●										●	●	●				●	
二次燃料的混合控制		●	●	●				●					●						●						
二次燃料的保留时间		●		●															●						

机构，而对控制装置及方法很少涉及，本田研究的重点在于控制装置及方法，其次是焊臂及电极系统，而对浮动机构很少涉及[①]。

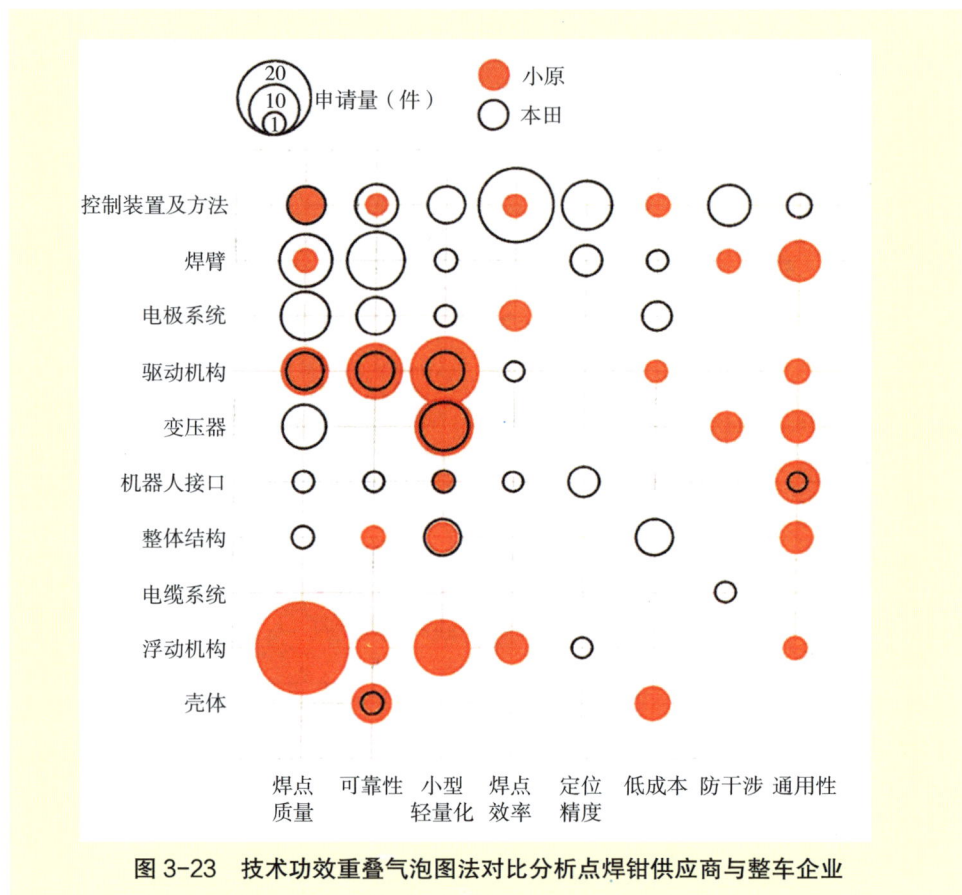

图 3-23　技术功效重叠气泡图法对比分析点焊钳供应商与整车企业

（2）饼状气泡图

如果想要表示具有构成关系的两个以上区域或申请人在同一领域的技术功效布局，可以选择饼状气泡图，如图 3-24 所示。该图是将每个气泡以饼图的形式展现，突出表示不同区域或申请人的专利申请量／授权量／有效量所占比例，强调该区域或该申请人在该领域的技术领先地位。出于数据表达清晰性的

---

①　改编自：杨铁军.产业专利分析报告（第19册）：工业机器人[M].北京：知识产权出版社，2014：117.

考虑，份额不建议过多，3 个为宜①。

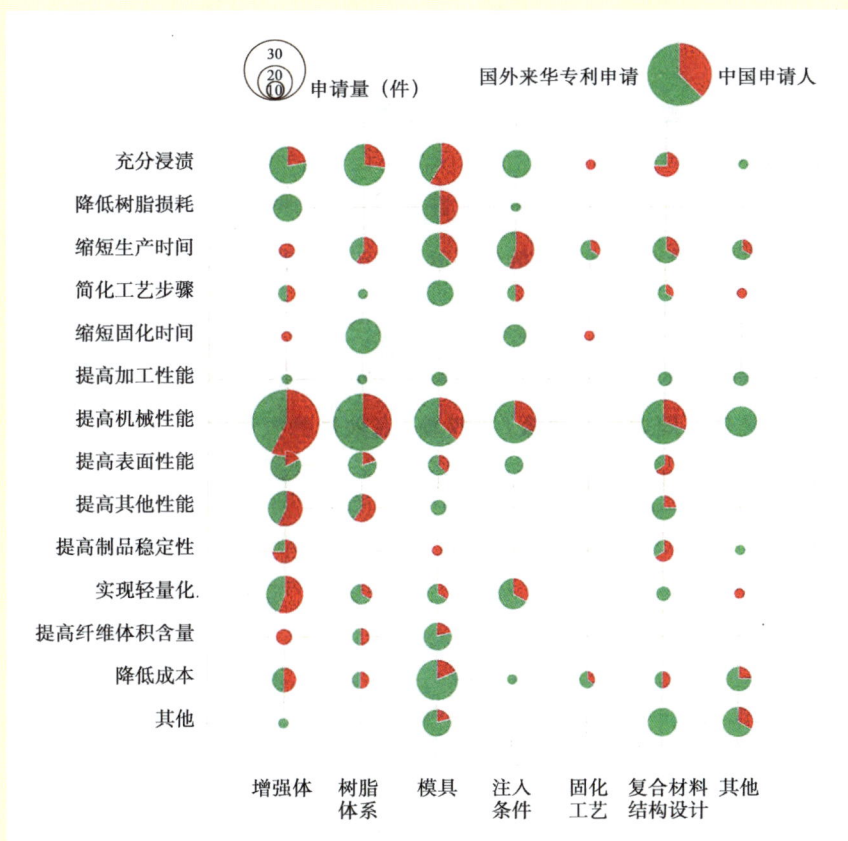

图 3-24　技术功效饼状气泡图法对比分析 RTM 领域国外来华专利布局

（3）簇状气泡图

簇状气泡图，即以每个技术和功效的交叉点为中心向外辐射几个代表不同对象专利申请量 / 授权量 / 有效量的气泡，并以不同颜色区分，如图 3-25 所示（单位：件）。出于展示数据清楚的考虑，建议气泡最多不超过 4 个②。

---

① 马天旗 . 专利分析：方法、图表解读与情报挖掘 [M]. 北京：知识产权出版社，2015：61.

② 马天旗 . 专利分析：方法、图表解读与情报挖掘 [M]. 北京：知识产权出版社，2015：63.

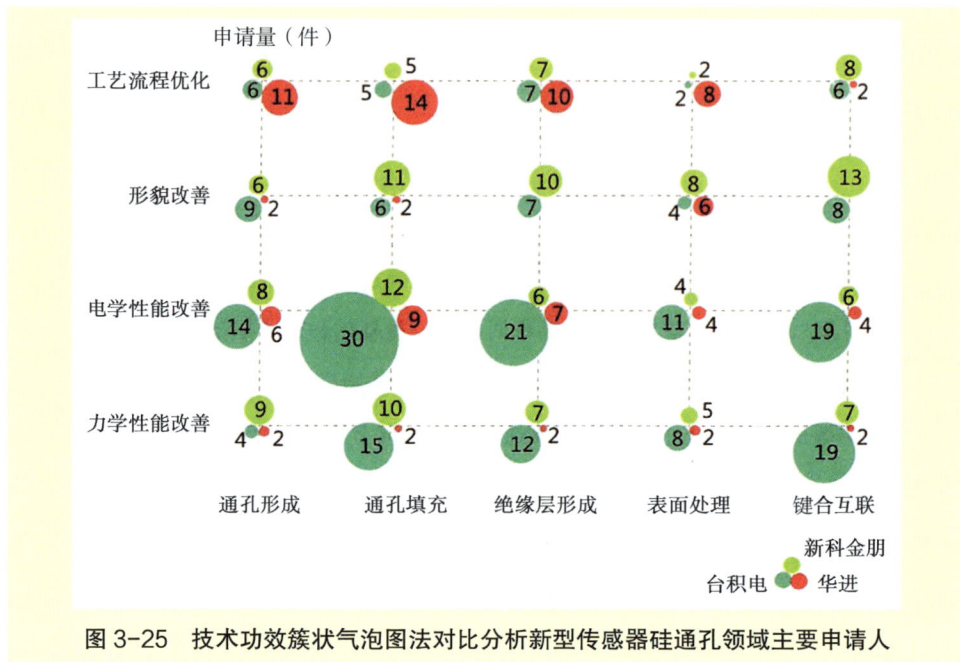

图 3-25　技术功效簇状气泡图法对比分析新型传感器硅通孔领域主要申请人

3.6　核心专利技术分析

从重要程度来说，专利可以归纳为 3 个类型：一般专利、重要专利和核心专利。一般专利为在结构、技巧等方面的改进或提高的专利，大多数专利为一般专利；重要专利是在行业技术领域具有一定独特性的，能产生较好技术效果的专利；而核心专利则是真正能使一个企业在某一个领域拥有绝对话语权的专利。一个企业是否具有很强的创新能力，在于其在所从事的领域是否拥有核心技术，而拥有核心技术的标志就是拥有"核心专利"。

目前，从不同的角度对核心专利进行定义的说法有多种。学者们较为公认的是，核心专利应当具有原创性、无可替代性、有显著的技术特征和效果、能为企业带来丰厚的经济效益四大特征。

本书引用中国科学技术信息研究所提出的定义：核心专利是指具有原创性及显著技术特征和效果的，不能通过一些"规避设计手段绕开"的，后续科技发展必不可少的，且能为企业带来极大竞争力的专利。

3.6.1　分析目的

通过对核心专利的分析，能对技术的过去、现在和未来发展有准确的认识。对核心专利的挖掘和分析的目的和意义如下：

①跟踪核心专利，发现市场机会；

②引进核心专利，提高研发起点；

③突破核心专利，构筑外围"篱笆"；

④融入核心专利，强化标准战略；

⑤保护核心专利，获取长远利益。

3.6.2　分析方法

（1）核心专利的评价指标

一般而言，核心专利可以从技术价值、经济价值及受重视程度3个层面来确定。表3-5列出了详细的筛选指标，以下将详细阐述这3个层面的评价指标[①]。

表 3-5　核心专利评价指标的特性分析

评价角度	具体评价指标	指标属性	精确性	查全性	可操作性	主要不足
技术价值	被引频次	定量	☆☆☆☆	☆☆☆☆	☆☆☆☆	不利于查找近期核心专利
	引用科技文献数量	定量	☆☆☆	☆☆☆	☆☆☆	领域差异性较大
	技术发展路线关键节点	定性	☆☆☆☆	☆☆☆☆☆	☆	需要专业技术人员参与，费时费力
	技术标准化指数	定性	☆☆☆☆	☆☆	☆☆	标准与专利之间的对应关系较难查全
	主要申请人	定性	☆☆☆	☆☆☆	☆☆☆☆	需要进一步筛选
	主要发明人	定性	☆☆☆	☆☆	☆☆☆☆	需要进一步筛选和扩展

① 改编自：杨铁军.专利分析实务手册[M].北京：知识产权出版社，2012：154.

续表

评价角度	具体评价指标	指标属性	精确性	查全性	可操作性	主要不足
经济价值	专利实施情况	定量	☆☆☆☆☆	☆☆	☆☆	信息较难查全
	专利许可情况	定量	☆☆☆☆☆	☆☆	☆☆☆	信息较难查全
	专利复审和无效	定量	☆☆☆☆	☆	☆☆☆	核心专利较难查全，需要判断是否抵御成功
	专利异议及诉讼	定量	☆☆☆☆	☆	☆☆☆	核心专利较难查全，需要判断是否抵御成功
受重视程度	同族专利数量	定量	☆☆☆	☆☆	☆☆☆☆☆	准确性较差
	PCT专利申请	定性	☆☆☆	☆☆☆	☆☆☆☆☆	准确性稍差，不利于查找全面
	专利维持期限	定量	☆☆☆	☆☆	☆☆☆☆☆	精确性较差，不利于查找近期核心专利
	申请人及发明人数量	定量	☆☆☆☆	☆☆☆	☆☆☆☆☆	精确性较差，不利于查找全面
	权利要求数量	定量	☆☆	☆☆	☆☆☆☆☆	精确性较差，查全性差
	是否加快审查	定性	☆	☆	☆☆☆☆☆	精确性较差，查全性差

注："☆"越多表示相关程度越高。

1）技术价值层面

①被引频次。一般而言，被引频次较高的专利可能在产业链中所处位置较关键，可能是竞争对手不能回避的。因此，被引频次可以在一定程度上反映专利在某领域研发中的基础性、引导性作用。通常情况下，专利文献公开时间越早，则被引证概率就越高。因此，引入专利存活时间相同的专利文献的平均被引频次水平作为参照，可以消除不同专利存活时间带来的影响。

②引用科技文献数量。有学者用专利引用科技文献的平均数量考察企业的技术与最新科技发展的关联程度。该数值大，说明企业的研发活动和技术创新紧跟最新科技的发展。但科学关联度与专利价值的相关性随行业而不同，在科技导向的领域，如医药和化学领域，该指标与专利价值显著相关；在传统产业，

该指标与专利价值的相关性不显著。在评价专利的价值时，应根据行业选用不同的指标。

③技术发展路线关键节点。技术发展路线中的关键节点所涉及的专利技术不仅是技术的突破点和重要改进点，也是在生产相关产品时很难绕开的技术点。但是在寻找这些节点时，需要行业专家花大量时间画出这个行业的技术发展线路图，然后按图索骥，找到这个图中的关键技术点。起点、转折点和终点的核心专利，是以上判断的重要基础。

④技术标准化指数。标准化指数是指专利文献是否属于某技术标准的必要专利，以及该专利文献所涉及的标准数量、标准类别（如国家标准、行业标准等）。但无论是根据技术标准查找所涉及的专利，还是从专利文献出发查找其是否涉及技术标准，都需要花费一定的时间。

⑤主要申请人。行业内专利的主要申请人一般来说在本领域技术实力最强，技术发展比较系统，其所申请的专利技术自然较为重要。如果主要申请人的申请量较大，还需要投入大量精力进一步筛选。

⑥主要发明人。主要发明人是对本行业发明创造做出主要贡献的自然人，是引领本领域技术进步的主要带头人。因此，主要发明人的专利技术是本行业最需要关注的技术。但主要发明人申请的专利有限，不能反映本领域重要技术的全貌。

2）经济价值层面

①专利许可情况。如果一件专利被许可给多家企业，则证明该专利是生产某类产品时必须使用的专利技术，其重要性不言而喻。

②专利实施情况。毫无疑问，专利实施率越高，专利对于技术发展、技术创新做出的贡献就越大。但是，发明专利的实施通常会有一个开发过程，而一些专利就是为了"技术圈地"，因此，没有实施的专利技术并不一定就不重要。

③专利复审、无效、异议及诉讼。专利在复审、无效、异议及诉讼过程中需要花费大量的时间和费用。复审、无效、异议及诉讼的专利一定是得到申请人或行业重视的，其中"抵御成功"的专利的稳定性更强、价值更高。

3）受重视程度

①同族专利数量。一项发明可以在多个国家和地区申请专利保护，获得专利授权的国家和地区的数量定义为一项专利的同族数量。由于国外专利申请和

维持的费用远高于国内专利，因此国外专利申请比国内专利申请更能说明专利的价值。对于此衡量指标的准确性仍存在诸多争论。有专家认为，专利价值与专利族大小不一定是线性关系，因为许多有价值的专利只要在几个重要的国家和地区受到保护就足够了。有专家则认为，专利的价值体现在是否申请国外专利，而不是申请多少国外专利；也有专家通过数据证明，专利的价值不仅与专利申请国的数量有关，而且与这些国家的组成有关。因此，专利族大小有时用欧洲、美国和日本专利（三方同族专利）的比例来代替。

②PCT专利申请。PCT专利是向世界知识产权局申请的专利，其申请和维护价格昂贵。据统计，申请一件PCT专利，前期启动经费需3万~5万元人民币；6~18个月进入实质审查阶段后，至少需要20万元。若一项专利没有相当甚至高于其申请费的收益，企业通常不愿意申请PCT专利。因此，PCT专利常常是一个企业最具技术含量的专利。

③专利维持期限。专利维持费也称专利年费，是指专利权人为维持专利权的效力，依照《专利法》规定逐年向国家专利局缴纳的费用，年费的金额随着保护时间的增长而递增。对于专利权人，只有当专利权带来预期收益大于专利年费时，专利权人才会继续缴纳专利年费。因此，专利维持期限的长短在某种程度上反映了该专利的重要性。

④权利要求数量。专利权利要求书中的每一项权利要求，是由若干技术特征组合而成的。因此，可以认为专利要求保护的权利要求项越多，专利的技术特征就越多，专利也就相对越先进或重要。

其他反映受重视程度的指标还有申请人及发明人数量、申请加快审查情况等。核心专利评估的各项指标并不是孤立存在的，任何单独的指标都有其局限性，因此在判断过程中，要根据实际情况和各项指标的特点，选取合适的指标进行组合分析，才能更好、更准确地挖掘核心专利。

（2）核心专利确定方法

根据核心专利的评价指标确定核心专利的途径，如表3-6所示[①]。

---

① 改编自：杨铁军.专利分析实务手册[M].北京：知识产权出版社，2012：157.

表 3-6　确定核心专利的途径

途径	优点	缺点
以技术主要来源国为主线	查全性较好	数据量大，查准性差
以主要申请人为主线	查准性较好，查全性较好	需要准确定位主要申请人
以主要发明人为主线	查准性好，查全性稍差	需要准确定位主要发明人
以重要产品为主线	查准性好	查全性差
以被引频次为主线	查准性好	不适于近期核心专利的确定
以非专利文献研究热点为主线	查准性一般	查全性差

在表现形式上，核心专利技术分析有引证系统树图、鱼骨图和表格等。其中，系统树图和鱼骨图侧重于表现核心技术的发展脉络及具体技术分支涉及的重点专利；表格可详细列出核心专利的多项信息。

3.6.3　分析案例

（1）基于专利被引频次的分析

案例 3.18　高被引专利列表分析法

某领域的高被引专利通常被认为是该领域的核心专利。根据技术引证情况，我们得到了丰田公司在增程式电动车技术领域的 3 项核心专利（表 3-7），被引频次都超过了 200 次，远远超过了该领域专利文献的平均被引频次。主要涉及：传动装置及其控制、增程器、充电控制、整车控制、电机控制等技术领域。另外，这 3 项专利从申请之日起就在业内得到了持续的关注，基本都维持了发明专利的最长期限，至今都维持授权有效。这进一步印证了 3 项专利的核心地位[①]。

数据来源

高被引专利及其被引频次的获得方法参见第二章"Derwent Innovation（DI）专利分析工具"中的"专利检索"部分。

---

① 吴巧玲，谌凯，林志坚．增程式电动车技术开发专利战略研究 [R]．杭州：浙江省科技信息研究院，2013．

表 3-7　丰田公司在增程式电动车技术领域的核心专利

单位：次

基本专利	优先权年	专利名称	技术领域	被引次数	年均被引次数	法律状态
US5856709A	1995	Hybrid vehicle drive system having clutch between engine and synthesizing/distributing mechanism which is operatively connected to motor/generator	传动装置及其控制，增程器	114	6.3	有效
US6205379B1	1998	Controller for hybrid vehicle wherein one and the other of front and rear wheels are respectively driven by engine and electric motor	增程器，整车控制	87	5.8	有效
US6158537A	1996	Power supply system, electric vehicle with power supply system mounted thereon, and method of charging storage battery included in power supply system	充电控制	79	4.6	有效

（2）重点专利技术追踪分析

由于高被引专利的核心地位和基础地位，以高被引专利为着眼点和出发点进行研究，可以追溯分析技术源头，判定技术循环周期，确定重要的技术点及其竞争态势，拓展研发思路和分析专利布局策略等。

案例 3.19　基于引证关系的重点专利技术追踪分析

从高被引专利中，经技术专家咨询选择重点专利，如 WO2005010214A2。利用 DI 的引证分析功能，对其进行技术追踪分析，揭示其技术发展脉络和演进方向（检索时间：2015 年 10 月 18 日）[①]。

WO2005010214A2（Method and apparatus for wireless communication in a

---

① 应向伟，谌凯，林志坚. 农业装备智能控制系统发展动态研究报告 [R]. 杭州：浙江省科技信息研究院，2015.

mesh network）是美国 SENSICAST SYSTEMS 于 2004 年 7 月 16 日申请的一件
PCT 专利。该专利在多个国家和地区申请了保护，有 15 件同族专利，分别在
欧洲（EP1661318A2）、日本（JP2007535203A）和美国（US7675863B2 等）申
请了保护。其中，在美国申请的 US7675863B2、US7701858B2、US8711704B2
和 US8892135B2 4 件专利仍处于授权有效状态。WO2005010214A2 公开了一种
检测田间土壤水分的无线通信网络，包括连接各个传感器的多个星状节点设备，
以及与星状节点设备通信的多个路由器。

图 3-26 和图 3-27 是 WO2005010214A2 的引用（后引）和被引用（前

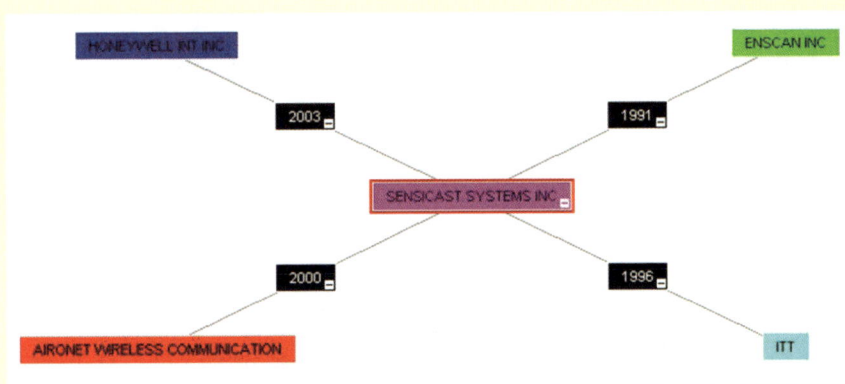

图 3-26　重点专利 WO2005010214A2 的后引情况

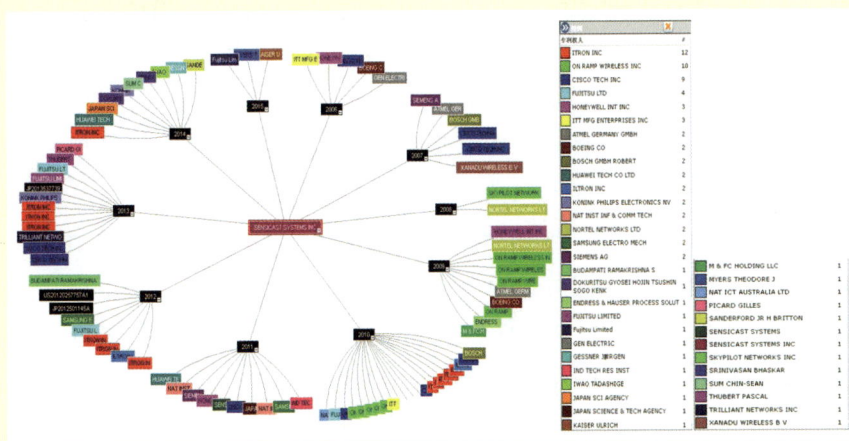

图 3-27　重点专利 WO2005010214A2 的前引情况

引）情况。可以看出，该专利引用了美国 HONEYWELL INT、AIRONET WIRELESS COMMUNICATION、ENSCAN、ITT 机构的 4 项在先专利，技术方案主要涉及自动射频仪器监测系统、无线传感网络数据处理和通信、蜂窝系统切换协议等数据无线传输方面。

从被引情况看，该专利自 1996 年开始每年都会被其他专利引用，被德国 BOSCH、美国 BOEING、日本 FUJITSU、韩国 SAMSUNG 和中国 HUAWEI 等机构的 89 项专利引用。技术方案主要涉及安全通信方法、无线网络设计方法和无线通信设备等。可见，该项专利对于其他企业而言也是非常重要的。值得注意的是，ITRON、ON RAMP WIRELESS 和 CICSO 等公司均对其进行大量专利布局，3 家公司引用该专利的专利数分别达 12 项、10 项、9 项。提示这 3 家公司很可能是 SENSICAST SYSTEMS 公司在该技术领域的潜在竞争对手。

数据来源

专利的前引 / 后引情况获得方法参见第二章 "Derwent Innovation（DI）专利分析工具" 中的 "引证关系图" 部分。

（3）基于组合指标体系的分析

案例 3.20　组合指标体系的核心专利分析（一）

本案例从专利绝对被引频次、相对被引频次、同族专利、合作申请、法律状态和专家咨询等维度开展核心专利技术分析。

本案例给出的核心专利是指在氧化物 TFT 技术领域受关注程度高、国内企业规避难度较大、最具有代表性的基础性专利（表 3-8）[1]。核心专利筛选时需要考虑以下因素：①专利绝对被引频次排名前 50 位；②专利相对被引频次排名前 80 位；③具有美、日、中、韩、欧五局同族专利；④企业合作申请；⑤专利处于有效状态；⑥在该领域公认是重要技术或前沿技术。通过上述条件筛选出 167 项专利，请行业内的技术专家进行分析，最后得到代表性专利目录

---

① 改编自：杨铁军 . 产业专利分析报告（第 12 册）：液晶显示 [M]. 北京：知识产权出版社，2013.

35 项，表 3-8 仅截取其中 6 项。

表 3-8　氧化物 TFT 全球代表性核心专利（节选）

序号	公开号	优先权日	申请人	进入国家或地区	技术要点	技术分支	法律状态	重要等级
1	CN101263605	2005-09-16	佳能	JP、EP、CN、KR、TW[①]、US、RU	场效应晶体管包括 In 和 Zn 的氧化物半导体材料沟道，限定原子组成的比例，其中 Ga 可以包括在氧化物里，也限定了原子组成比例	沟道材料	CN复审、TW授权、KR授权	★★★
2	CN101350313	2007-07-16	三星	EP、US、CN、JP、KR	制备 IGZO 活性层的方法，包括两种靶材，一种为 In、Ga、Zn 靶材，另外一种为 In 靶材。目的是增加 In 的比例	沟道工艺	CN授权、KR授权、US授权	★★★
3	CN101630692	2009-07-14	三星	US、EP、JP、CN、KR	双层沟道，上层和下层的迁移率不同，由不同的氧化物材料形成。可根据两层沟道参数调整得到满足目标特性的器件	沟道工艺	未决	★
4	CN101310371	2006-02-15	日本高知产业振兴中心、卡西欧	US、EP、KR、JP、CN、TW、IN	半导体器件的制造方法，限定 ZnO 取向	沟道材料	CN授权、KR授权、US授权	★★

①　TW 代表中国台湾。

续表

序号	公开号	优先权日	申请人	进入国家或地区	技术要点	技术分支	法律状态	重要等级
5	CN1853278	2004–01–23	惠普	US、EP、JP、CN、KR、TW	具有三元化合物 ZtO 沟道，应用备选材料，迁移率高	沟道工艺	CN授权、IN 授权	★★
6	CN1930692	2004–03–12	惠普	US、EP、CN、KR、JP、TW	IGO 沟道，应用备选材料，迁移率高	电极	CN授权、US授权、KR 授权	★★

案例 3.21　组合指标体系的核心专利分析（二）

本案例从技术趋势分析、IPC 分类分布、同族分布、被引频次、专利权人分布及权利要求数量等维度，对全球电动汽车用锂电池专利数据进行分析，从而识别不同时间段的核心专利 [①]。

2004 年，电动汽车用锂电池技术的专利数量和专利申请人数量都较上一年有较大幅下降，然而，从 2005 年开始又呈现出上升趋势，进入第二次成长期，专利申请人数量在 2007 年达到顶峰，专利数量在 2008 年达到峰值。可以看出，这一阶段增长维持的时间仅为第二阶段的一半，而且从后续的发展来看，2008 年后专利数量和专利申请人数量均未像 2005 年时一样出现反弹。由于 2004 年的下降有可能是技术更替造成的，技术路径、技术研究机构可能均与第二阶段不同，因此，IPC 分类、同族专利、被引频次成为识别核心专利的重要指标。

首先分析了这一阶段专利的 IPC 分类分布情况，如图 3–28 所示。主要的 IPC 分类号为 H01M10/36、H01M04/02、H01M10/40 和 H01M04/58，考察同时含有这 4 个 IPC 分类号的专利，得出满足条件的专利 152 件。

---

① 中国科学技术信息研究所 . 专利分析的方法探索与实证研究 [M].北京：科学技术文献出版社，2016：195.

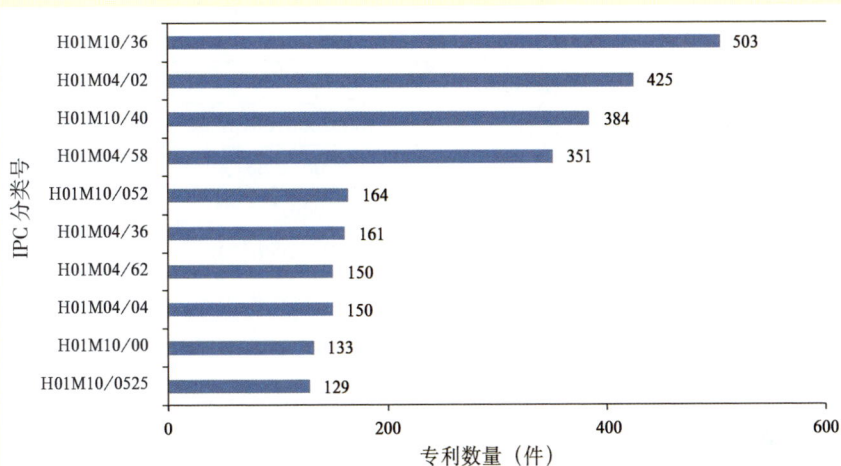

图 3-28 电动汽车用锂电池 2004—2008 年 IPC 分类分布情况

考察同时含有 H01M10/36、H01M04/02、H01M10/40 和 H01M04/58 的 152 件专利的同族分布情况，以总专利数量 25% ~ 30% 的比例选出同族数量排名靠前的 40 件专利（表 3-9）。

表 3-9 电动汽车用锂电池 2004—2008 年同族数量 TOP 40 专利（节选）

单位：件

专利号	同族数量	专利号	同族数量
WO2008078695	15	WO2008015987	10
WO2004068620	14	WO2008059961	10
WO2005024980	13	WO2009063966	11
WO2004059672	12	EP1722428	10
WO2004097867	12	WO2007055358	10
WO2005096417	11	WO2007139333	10
WO2005096417	11	WO2007139333	10

由于该阶段属于技术更替发生后的第一个快速成长阶段，这一时期的专利具有原创性及显著技术特征，而且对后续发展也是必不可少的，因此，专利的被引频次也是核心专利识别的重要指标，从表 3-9 所示专利中筛选被引频次排名靠前的 20 件专利，如表 3-10 所示。

表 3-10　电动汽车用锂电池 2004—2008 年专利被引频次（节选）

单位：次

专利号	被引频次	专利号	被引频次
WO2004097867	42	WO2006106782	12
WO2004059672	26	US2007166613	12
US2005227147	15	US2008113264	12
US2007207384	14	WO2007046322	11

通过技术趋势和 IPC 分类号的变化可以看出，2004—2008 年的研究重点与 2004 年以前有所不同，并且在 2004 年出现了申请人数量的大幅下降，表明这一阶段开始时出现了申请人更替的情况，即不同的技术掌握在不同的研究机构手中。随着技术路线的不同，专利申请人也与上一阶段不同。因此，在这一阶段专利权人同样是影响核心专利识别的重要因素。通过对本阶段专利权人的分析，可以得出如图 3-29 所示的结果，图中列出的是专利数量排名前 15 位的专利权人。对表 3-10 中 20 件专利的专利权人进行分析发现，有 10 件专利的专利权人属于图 3-29 所列出的名单，这些专利即为 2004—2008 年的核心专利（表 3-11）。

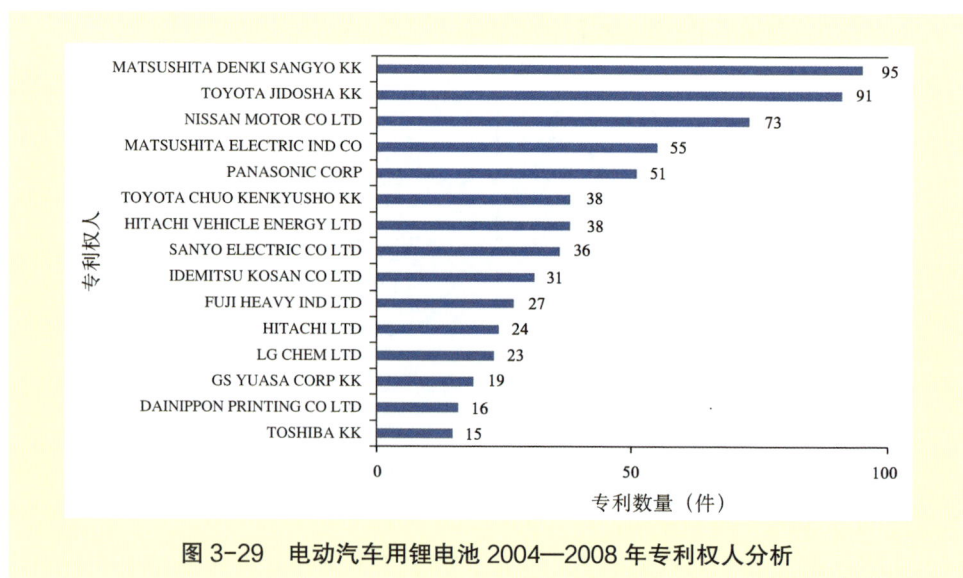

图 3-29　电动汽车用锂电池 2004—2008 年专利权人分析

表 3-11　电动汽车用锂电池核心专利

专利号	专利权人
WO2007139333A1	LG CHEM LTD（GLDS-C）
WO2007083405A1	MATSUSHITA ELECTRIC IND CO LTD（MATU-C）
WO2007072596A	MATSUSHITA ELECTRIC IND CO LTD（MATU-C）
WO2007046322A1	MATSUSHITA ELECTRIC IND CO LTD（MATU-C）
WO2006106782A1	MATSUSHITA ELECTRIC IND CO LTD（MATU-C）
WO2005099023A1	MATSUSHITA ELECTRIC IND CO LTD（MATU-C） MITSUBISHI CHEM CORP（MITU-C）
US2008113264A1	TOSHIBA KK（TOKE-C）
US2007207384A1	MATSUSHITA DENKI SANGYO KK（MATU-C）、MATSUSHITA ELECTRIC IND CO LTD（MATU-C）
US2007166613A1	MATSUSHITA DENKI SANGYO KK（MATU-C）
US2005227147A1	MATSUSHITA ELECTRIC IND CO LTD（MATU-C）

案例 3.22　基于专利强度的核心专利分析法

专利强度（Patent Strength）是美国加州大学伯克利分校与乔治梅森大学的研究成果，是在参考了诸多价值参数（包括专利引证次数和被引证次数、专利从申请到公开的时间长度、权利要求项的数目、专利涉及诉讼案件审判法院的级别和时间长度等）的基础上，由专利强度运算法则综合分析得到的，可以有效地量化分析和表征一个专利的重要程度（专业性和市场性），是从海量的专利数据中找到重要专利数据的有效手段。

在 PatentStrategies 系统中，将专利强度区间由 [0,10] 缩小到 [9,10]，全球增程式电动车技术专利数量由 11 939 件减少到 156 件，这 156 件专利是增程式电动车技术领域影响极大的重磅专利（表 3-12，节选）[①]。

---

① 吴巧玲，谌凯，林志坚．增程式电动车技术开发专利战略研究 [R]．杭州：浙江省科技信息研究院，2013.

表 3-12 全球增程式电动车技术领域高强度专利（节选）

序号	专利号	专利权人	优先权年	专利名称
1	EP0867323	Toyota Jidosha Kabushiki Kaisha	1997	Energy flow management in hybrid vehicle power output apparatus
2	EP0868005	Toyota Jidosha Kabushiki Kaisha	1997	Power output apparatus and method of controlling the same
3	US5988307	Toyota Jidosha Kabushiki Kaisha	1995	Power transmission apparatus, four-wheel drive vehicle with power transmission apparatus incorporated therein, method of transmitting power, and method of four-wheel driving
4	US7935015	Toyota Jidosha Kabushiki Kaisha	2005	Control device for vehicle drive apparatus
5	US7431111	Toyota Jidosha Kabushiki Kaisha	2003	Hybrid power output apparatus and control method

3.7 专利法律状态分析

在专利分析中，对专利法律状态信息分析可以弥补专利申请信息分析的不足，可对技术差距、研发实力和专利质量等多方面进行深入的揭示。例如，通过对专利授权率、授权专利有效率、专利存活率和有效专利维持时间等指标构建技术、技术来源国或地区、申请人3个维度的专利法律状态信息组合分析模型，可揭示专利数量无法展现的相对竞争态势。

3.7.1 分析目的

通过对不同对象的法律状态构成的分析，可达到如下目的：衡量竞争对手技术研发实力和专利技术含量高低，评估专利威胁度；衡量技术领域的专利活跃程度，评估专利风险总体水平。由于专利法律状态描述存在差异，因此法律状态构成分析对象通常为特定申请地域的特定类型专利。

3.7.2 分析方法

在我国，专利的法律状态可以细分为公开、实质审查、无效宣告、专利权的终止、权利恢复、专利申请权（专利权）转移、专利权的继承或转让、专利实施许可合同的备案、申请的撤回、有效期续展等上百种，但是归纳起来主要分为：在审、授权有效、失效和技术转移，这也是专利分析中考虑的 4 种类型。

法律状态构成分析图表中的数据除专利数量和比例外，还可以是计算加工后的指标，例如：

①专利授权率分析。用于从整体上测算专利申请的技术质量，计算公式为：

$$专利授权率 = 专利授权量 / 专利申请量$$

②专利存活率分析。用于测算法律状态处于有效状态的专利占比情况，计算公式为：

$$专利存活率 = 专利授权有效量 / 总专利授权量$$

③专利维持情况分析。由于专利授权后维持专利权需要缴纳专利年费，且年费的金额随着保护时间的增长而递增。一般来说，专利申请人只会对具备一定技术水平和市场价值，或者对自身发展有战略性影响的专利续费。因此，专利的法律状态信息和维持年份可以作为衡量专利重要性、技术和质量水平的一项主要指标。

3.7.3 分析案例

案例 3.23 专利维持情况分析

本案例以农业机器人技术领域国内申请人专利维持情况进行解析 [①]。

获取专利维持情况的信息，对于了解国内主要申请人在农业机器人技术领域的发展水平、核心技术状态有极其重要的作用。选择该领域中国专利排名前5 位的专利申请人，分析其专利维持时间，见表 3-13。

表 3-13 国内 TOP 5 申请人专利维持情况

专利权人	专利数量及占比	
	维持时间 ≥ 5 年	维持时间 < 5 年
江苏大学	8 件，占比 20.0%	22 件，占比 55.0%
中国农业大学	10 件，占比 31.3%	17 件，占比 53.1%
西北农林科技大学	0	16 件，占比 50.0%
江南大学	1 件，占比 3.8%	13 件，占比 50.0%
浙江理工大学	2 件，占比 8.7%	18 件，占比 78.3%

① 应向伟，谌凯，林志坚 . 农业装备智能控制系统发展动态研究报告 [R]. 杭州：浙江省科技信息研究院，2015.

而国内 TOP 5 申请人长维持期限专利的详细情况，如表 3-14 所示。

表 3-14　国内 TOP 5 申请人长维持期限专利

专利权人	专利号	专利标题	维持时间（年）
江苏大学	CN101066022B	一种直线电机驱动的采摘机器人末端执行器	8
	CN101019484B	果蔬采摘机器人末端执行器	7
	CN101019485B	球形果实采摘机器人末端执行器及其控制方法	7
	CN101395989B	一种苹果采摘机器人的末端执行器	7
	CN101238805B	一种除草机器人的六爪执行机构	6
	CN101238775B	果蔬收获机器人柔顺采摘末端执行器	6
	CN101589705B	一种激光除草机器人	6
	CN101706968B	基于图像的果树枝干三维模型重建方法	6
中国农业大学	CN1284436C	自动嫁接装置	12
	CN101356877B	一种温室环境下黄瓜采摘机器人系统及采摘方法	7
	CN101683037B	一种果实采摘机器人的控制器	7
	CN101015244B	一种垄作栽培草莓自动采摘装置	6
	CN101412216B	一种通用的果树机械手	5
	CN101416609B	一种适于培养瓶内组培苗移植作业的机械手	5
	CN101807247B	果蔬采摘点微调定位方法	5
	CN101828469B	黄瓜采摘机器人双目视觉信息获取装置	5
	CN101947503B	温室对靶施药机器人系统	5
	CN101990796B	基于机器视觉的锄草机器人系统及方法	5
江南大学	CN101554730B	一种多关节柔性机械手	5
浙江理工大学	CN102124907B	基于视觉的砧木苗和穗木苗配对装置	5
	CN102124906B	基于视觉的蔬果嫁接机待嫁接苗分类装置	5

从表 3-13、表 3-14 可以看出，江苏大学申请有 40 件专利，授权有 30 件，维持时间达 5 年以上的有 8 件；中国农业大学申请有 32 件专利，授权有 27 件，维持时间达 5 年以上的有 10 件；江南大学申请有 26 件专利，授权有 14 件，维持时间达 5 年以上的有 1 件；浙江理工大学申请有 23 件专利，授权有 20 件，

维持时间达 5 年以上的有 2 件。这些高维持时间专利具有较高的价值，国内企业可寻求对相关专利的技术引进或购买。西北农林科技大学申请有 32 件专利，授权有 16 件，但没有维持时间达 5 年以上的专利，这是由于这些专利的申请时间较晚。

数据来源

（1）专利维持情况

逐篇阅读农业机器人技术领域国内 TOP 5 申请人的专利，看其专利法律状态。对于获得授权的专利，专利维持时间计算方法为：专利从申请日至无效、终止、撤销、届满之日或统计当日的实际时间。对于未授权专利，则不列入专利维持时间的分析对象。

高维持时间专利：本例采用专利维持时间 5 年以上的专利。

（2）专利法律状态

可在 PIAS 系统里，按以下方法获得（图 3-30）。

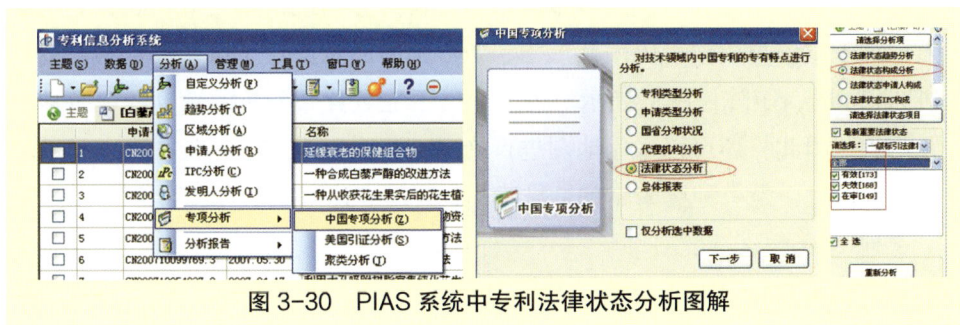

图 3-30 PIAS 系统中专利法律状态分析图解

第四章
区域分布分析

专利分析中的地域分布分析是在对专利进行定量或定性分析的基础上，制作与国家或地区相关的专利分析图表，对图表进行解读进而得出相关结论的方法。地域分布分析可以反映一个国家或地区的技术研发实力、技术发展趋势、重点发展技术领域和主要市场主体，也可以反映国际上对该区域的关注程度等。

地域分布分析得到的数据类型通常是比较类数据或份额类数据。在表现形式上，对于比较类数据可以用柱形图、条形图来展示；对于份额类数据可以采用饼图/环图、矩阵树图来表示。另外，由于地域分布分析的数据还含有地理位置信息，因此，还可以采用地图进行展示。相对于上述的其他图表，地图增加了地理信息，是一种更为简单、易读、直观的表达方式。

4.1 首次申请国分析

4.1.1 分析目的

在专利分析过程中，首次申请国是以优先权号中的国别提取的，因此，首次申请国在一定程度上代表了技术输出国。首次申请国申请专利的多少，在一定程度上反映了该国家或地区的技术创新能力和活跃程度。因而，通过首次申请国分析，可以了解技术起源国/输出国、对比国家或地区的技术实力，也可以为区域间的技术合作提供有用的信息。

4.1.2 分析方法

首次申请国专利信息的获得可通过 DDA 或 DI 中的"优先权国"分析模块，分析重点应当放在该区域整体作为首次申请国的专利申请情况。

在表现形式上，可采用饼图、柱状图、气泡地图或热力地图等图形。

4.1.3 分析案例

案例 4.1　气泡地图法首次申请国分析

本案例分析全球海底电缆技术优先权专利申请量的国别分布（图 4-1）[①]。在专利数量上，日本和中国处于绝对的领先地位，分别占据产业技术所有优先权专利的 35%，表明两国的企业和科研单位非常重视海底电缆技术的研发，主要企业有日本的住友电工、古河电工、藤仓、NTT、日立电缆和维世佳，以及中国的江苏亨通、宁波东方、重庆泰山等企业。专利数量排名第 3 位的是来自东北亚地区的韩国。来自中日韩三国的海底电缆专利占全球总申请量的 76%。

英国、法国、挪威和美国等国的专利申请全球占比均在 3% 左右，排名第 4 至第 7 位，主要企业有法国耐克森、瑞士 ABB 和意大利普睿司曼。

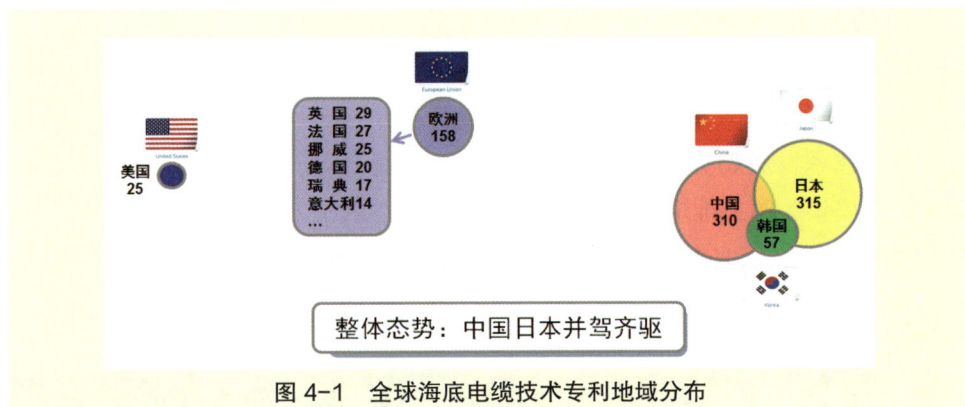

图 4-1　全球海底电缆技术专利地域分布

案例启示

在专利分析中，大量与地理位置相关的数据都可以用地图来表示，如申请

---

① 林志坚. 高压交联聚乙烯海底电缆前沿关键技术研究 [R]. 杭州：浙江省科技信息研究院，2016.

人、申请量的地域分布等。与柱形图/条形图相比，地图在反映区域分布方面，不仅可以通过颜色深浅或形状大小等使展现方式更加直观易懂，还可以根据分析需要与多个维度的数据相结合反映更多信息。

此外，当人们对地图上的位置信息（如世界地图上中、美、日、韩、欧洲地区等的位置分布）足够熟悉时，可以在地图上相应位置绘制气泡、标签或国旗图案之后，隐去地图背景，这种"地图"不仅不会损失地理信息，还使得图表更加简洁明了。

4.2　区域技术发展趋势分析

4.2.1　分析目的

某一国家或地区重点技术的发展趋势体现了该区域的技术发展动向。在市场主体考虑是否进入该区域时，区域技术发展趋势是需要考虑的重要因素之一。如果市场主体的技术正是该区域发展的趋势，那进入该区域无疑是合适的；反之，如果其技术已经成为该区域淘汰的技术，那么市场主体进入该区域后是没有竞争力的。

4.2.2　分析方法

区域技术发展趋势分析的相关数据可以通过 DDA 软件中的"优先权国"与"优先权年"的二维矩阵分析得到。

表现形式上，可以通过折线图和时间切片分布图来展示。

4.2.3　分析案例

案例 4.2　折线图法区域技术发展趋势分析

本案例分析了虚拟现实产业主要技术来源国的专利申请趋势（图 4-2）[1]。美国和日本是虚拟现实技术的领跑者，20 世纪 80 年代就在该技术领域先行申请专利，步入技术孕育期。相对而言，在 2000 年以前，日本和美国在该技术

---

[1]　林志坚, 林晔, 谌凯, 等. 推动浙江省虚拟现实产业发展的专利分析与建议 [J]. 科技通报, 2017, 33（5）: 248–253.

领域技术实力不相上下，专利申请总量和年均专利申请数量均差别不大；之后，日本的虚拟现实专利申请量开始下滑，特别是 2005 年以后专利申请减少加剧；而美国则一直保持良好的发展势头，2014 年专利申请量达到历史峰值的 307 项。

我国虚拟现实技术发展较晚，第一项专利出现在 1995 年，随后进入技术萌芽期，直到 2005 年以后才加速发展；特别是 2010 年以来，虚拟现实专利申请量出现井喷式增长，年度专利申请量超过日本、紧追美国，2014 年申请量达 188 项。相比之下，韩国、德国和英国的专利申请总量虽不及中国，但是其技术发展均早于中国；特别是韩国，在 2010 年以前的年度专利申请量均远多于我国。从发展趋势上看，可以说美国、中国、韩国三国引领了国际虚拟现实技术快速发展的第三阶段。2013 年以来，我国作为虚拟现实设备的主要生产国和消费国，技术研发能力不断增强。

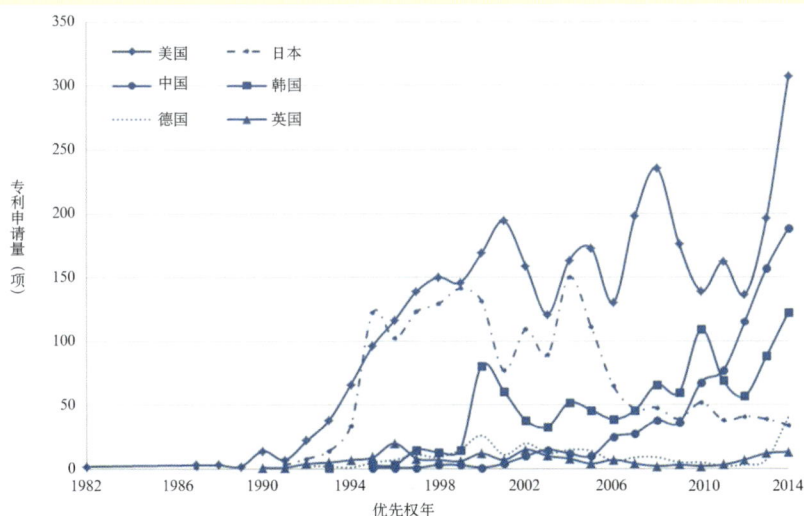

图 4-2　虚拟现实产业主要国家专利申请年度分布

4.3　区域技术特征分析

4.3.1　分析目的

分析不同区域的专利技术特征情况，可以了解区域的技术发展重点和重点产品。通过该分析，企业可以根据自身的技术及该区域技术特征和主要竞争对手情况来决定是否涉足该区域，从而为企业的发展提供方向。

4.3.2　分析方法

该分析方法的相关数据可以通过 DDA 软件中的"优先权国"与"IPC""MC"或自主创建的技术分类字段的二维矩阵分析得到。

4.3.3　分析案例

案例 4.3　三维柱状图、比例图法主要国家或地区技术特征对比分析

本案例分析了虚拟现实产业主要国家或地区的专利技术布局情况（图 4-3 和图 4-4）[①]。美国在游戏体育、医疗卫生、教育培训和航空航天等领域均有绝对的领先优势，其更侧重于发展游戏体育、医疗卫生领域的虚拟现实技术；美国在所分析的 4 个领域的专利申请量占该国所有虚拟现实技术专利申请总量的 49%。日本则非常注重游戏体育领域的虚拟现实技术研发，该领域专利申请

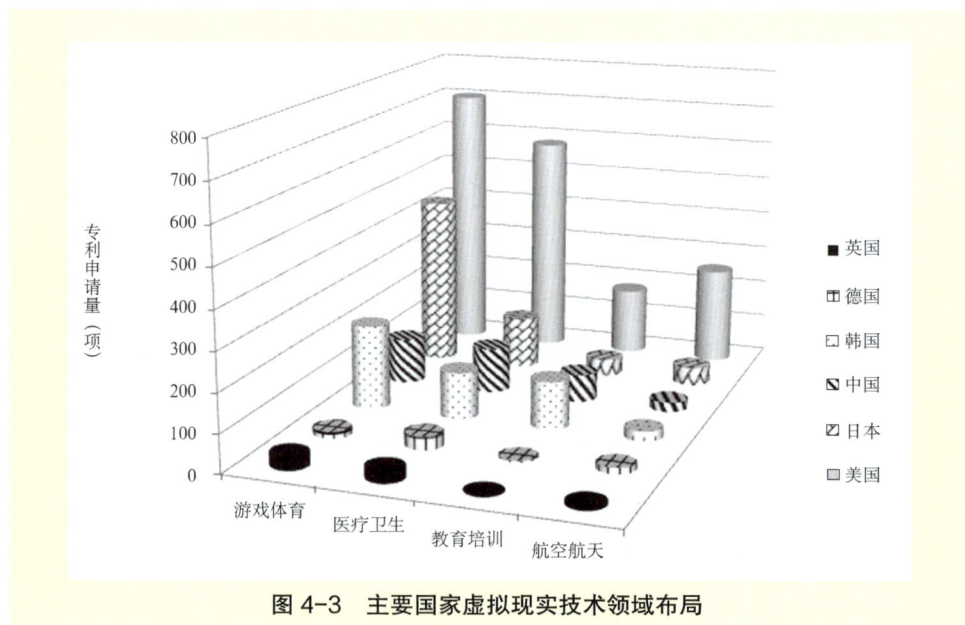

图 4-3　主要国家虚拟现实技术领域布局

---

① 林志坚 . 杭州未来 5 ~ 10 年高新技术新兴产业领域选择性研究：虚拟现实产业发展态势研究 [R]. 杭州：浙江省科技信息研究院，2016.

量占该国虚拟现实技术专利申请总量的 25%。中国对这 4 个领域的研发投入程度明显不及美国、日本、韩国等，专利申请量仅占本国虚拟现实技术专利申请总量的 24%；虽然中国专利申请总量全球排名第 3 位，但其在这 4 个主要应用领域的专利申请量均少于排名第 4 位的韩国。德国和英国也比较注重医疗卫生和游戏体育 2 个领域的虚拟现实专利申请。总体而言，游戏体育和医疗卫生领域的虚拟现实专利数量较多，是虚拟现实技术的热点应用领域。

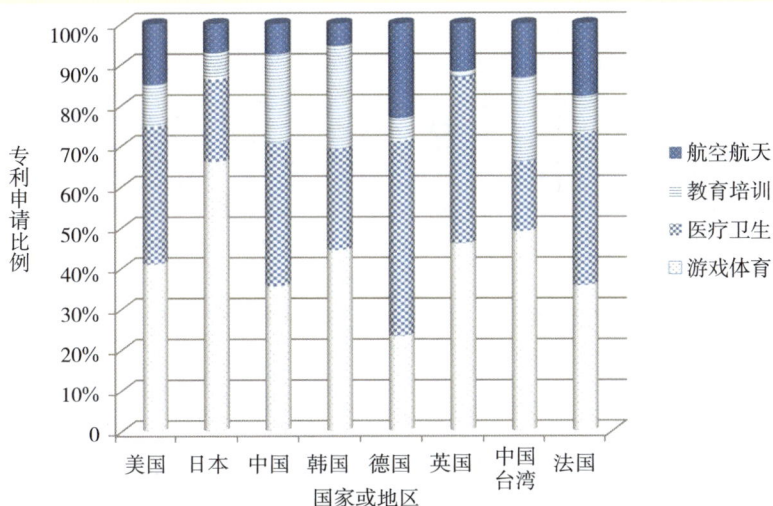

图 4-4　主要国家或地区虚拟现实技术领域比例

案例 4.4　簇状柱状图法省市技术特征分析及 DDA 软件中创建省市专利字段方法

本案例分析了我国主要省市在虚拟现实技术领域的专利布局情况（图 4-5）①。浙江省在游戏体育和教育培训领域具有专利数量优势；尤其是在游戏体育领域，专利申请量在全国主要省市中排名第 3 位。另外，据不完全数据统计，2013 年，仅省会杭州就有游戏企业 83 家，全市动漫产业总收益约 40 亿元，净利润超过 20 亿元，其中，游戏产业占全市动漫产业的 80%。可以看出，动漫游戏产业已成为浙江省文化创意产业经济发展新的主力军。同时，浙江省经济

① 林志坚 . 杭州未来 5 ～ 10 年高新技术新兴产业领域选择性研究：虚拟现实产业发展态势研究 [R]. 杭州：浙江省科技信息研究院，2016.

较发达，教育培训产业发展也较为成熟，全省拥有各类教育培训机构逾7000家，数量位居全国第六。在游戏体育和教育培训领域拥有的知识产权和产业优势，为浙江省发展虚拟现实产业提供了良好的切入点。

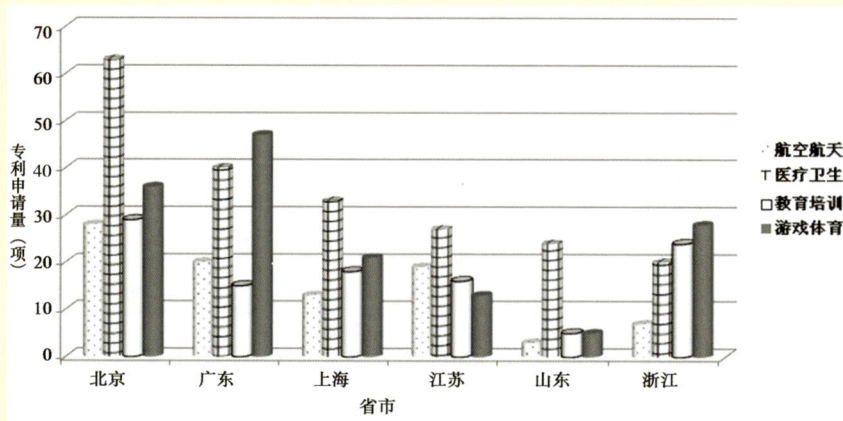

图 4-5　我国主要省市的虚拟现实技术领域布局

数据来源

该案例的相关数据可以通过 DDA 软件中自主创建的主要省市专利信息字段与技术分类字段的二维矩阵分析得到（图 4-6）。

DDA 中主要省市专利分析方法如下：

①建立中国专利子库。在总数据库（DDA1）中建立中国子库（DDA2）。

②建立省市专利子库。按上述方法，将来自 PIAS 的中国专利数据导入 DDA，双击"国省代码"，选择一个省市（如江苏），建立省市子库（DDA3）。

③专利公开号格式统一。分别将 DDA2 中的"Basic Patent Number"和 DDA3 中的公开（公告）号的空格去除。方法："Field"→"Further Procession"→"Remove All Spaces"。

④创建省市分组。在 DDA2 的"Basic Patent Number: Remove All Spaces"的列表中，通过"Group"→"List Comparison"与 DDA3 的"公开（公告）号：Remove All Spaces"匹配，创建多个分组（分析几个省市创建几个分组）。

⑤创建省市字段。方法："Field"→"Create Field From Group Names"。

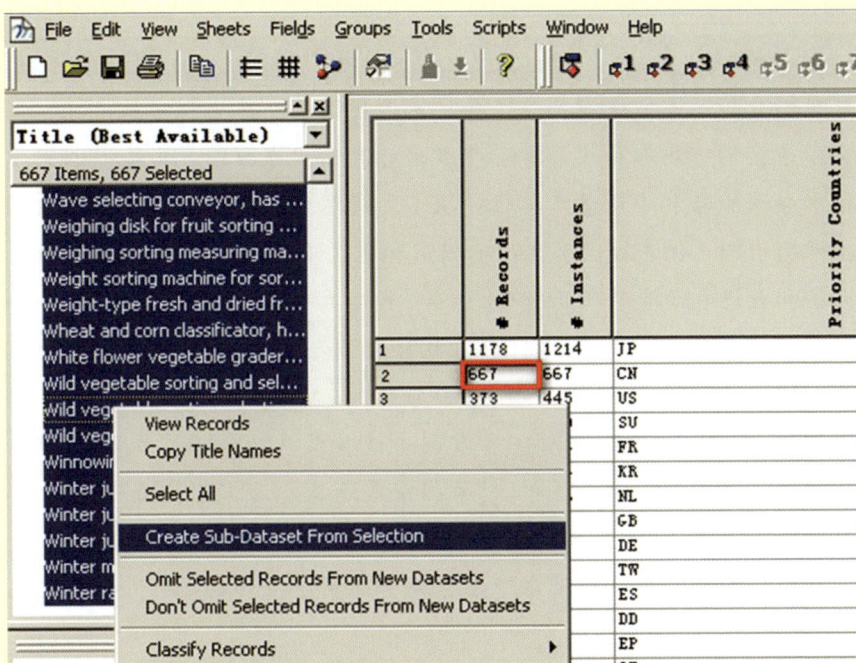

图 4-6　DDA 软件中创建省市专利信息字段

4.4　技术输出地区目标市场分析

4.4.1　分析目的

在专利分析过程中，目标市场是以公开号中的国别代码提取的，因此，其反映的是该区域的受关注程度。通过技术输出地区的目标市场分析，可以了解技术输出地区的市场战略，既为处于技术弱势的地区提出知识产权壁垒预警，又可以为创新主体提供专利布局策略参考。

4.4.2　分析方法

以技术输出国家或地区的目标市场分析为例，该分析方法的相关数据可以通过 DDA 软件中的"优先权国"与"专利家族国"的二维矩阵分析得到。

4.4.3 分析案例

案例 4.5　气泡图法技术输出地区目标市场分析，以及气泡图制作方法

本案例分析了虚拟现实产业主要技术输出国的全球专利布局情况，揭示这些国家或地区的市场布局[①]。图 4-7 纵坐标表示优先权国，指某一国家或地区在该技术领域的专利申请量（单位：项）。读图方式为：每一行从左往右看，表示技术输出国（优先权国）在目标国家和地区（专利族国）申请专利的情况。气泡大小和数据表示专利布局数量。例如，底部第一行气泡图，表示美国在本土、日本、中国、韩国、世界知识产权组织（WIPO）和欧洲的专利布局（专利申请量）分别为：3289 项、351 项、246 项、172 项、966 项和 537 项。

由图 4-7 可知，美国虚拟现实专利申请量最多，除了在本国进行专利布局外，在中国、日本、韩国和欧洲等国家或地区也布局了大量专利，同时向 WIPO 申请了 966 项 PCT 专利，以求在出口相关设备和技术时获得知识产权保护。日本和韩国的专利申请申请量分列全球第 2 位和第 4 位，两国在全球专

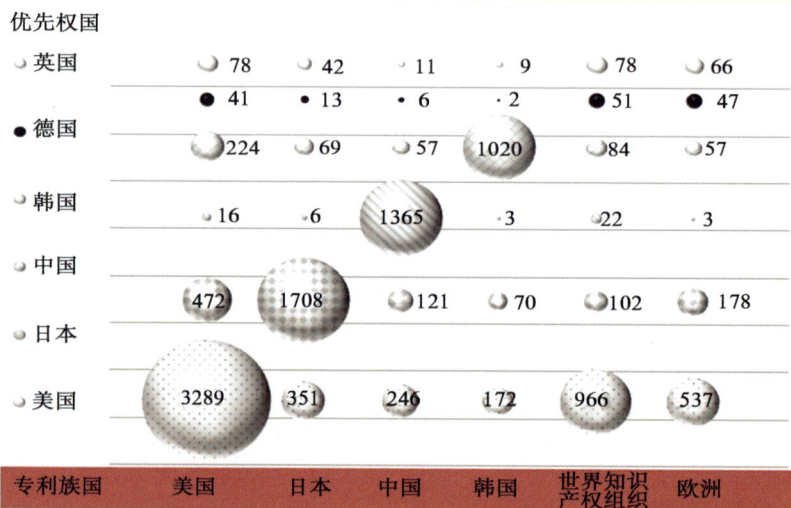

图 4-7　主要专利国家虚拟现实产业全球专利族布局

① 林志坚，林晔，谌凯，等.推动浙江省虚拟现实产业发展的专利分析与建议 [J].科技通报，2017，33（5）：248-253.

利布局的情况与美国类似，在美国、中国、欧洲等均申请了专利，而且均十分重视申请美国、欧洲和PCT专利。从美国、日本、韩国三国同族专利的申请情况也可以反映出其外向型的市场战略。相比之下，中国虽然专利申请量较多，但其专利申请主要集中在本国，仅有22项PCT专利申请，在美国、日本、韩国、欧洲等的专利布局也非常少，仅分别为16项、6项、3项、3项专利。说明国内创新主体的知识产权保护意识还不够强，而且真正值得向国外申请知识产权保护的有效技术不多。这一方面印证了我国在虚拟现实领域核心技术的不足，另一方面也提示我国发展虚拟现实产业面临着较强的知识产权壁垒。

做图方法

气泡图可参考下列数据（图4-8）排列方式做出。可根据气泡大小，调整横坐标间距和纵坐标定位位置，以获得布局较好看的图。可根据实际情况添加数据列，增加气泡组数。

专利族国	优先权国/纵坐标定位1 美国		纵坐标定位2 日本		纵坐标定位3 中国		纵坐标定位4 韩国		纵坐标定位5 德国		纵坐标定位6 英国	
美国	75	3289	500	472	850	16	1150	224	1350	41	1500	78
日本	75	351	500	1708	850	6	1150	69	1350	13	1500	42
中国	75	246	500	121	850	1365	1150	57	1350	6	1500	11
韩国	75	172	500	70	850	3	1150	1020	1350	2	1500	9
世界知识产权组织	75	966	500	102	850	22	1150	84	1350	51	1500	78
欧洲	75	537	500	178	850	3	1150	57	1350	47	1500	66

图4-8 技术输出地区目标市场分析气泡图做图解析

4.5 区域专利质量分析

4.5.1 分析目的

我国自1985年实施专利制度以来，为了在专利存量上缩小与发达国家的差距，采取了一系列鼓励企事业单位增加专利数量的措施，这些措施取得了相应的成果。然而，在增加专利数量的过程中也产生了单纯追求数量忽视质量的倾向。通过区域专利质量分析，有利于某地区对标其他地区的专利质量指标，分析自身长处与短板，为政府部门提升区域专利质量提供有针对性的对策建议。

4.5.2 分析方法

区域专利质量分析可以通过区域专利总被引次数、平均被引次数、专利被引率、被引H指数、PCT专利数量、美国专利数量、三方同族专利（美日欧专利）数量、发明专利数量和发明授权率等指标来综合评价。

4.5.3 分析案例

案例 4.6   主要国家专利指标分析，以及 PCT、三方同族专利获取方法

本案例对比分析了虚拟现实技术主要技术输出国的专利质量指标[①]。如表4-1所示，美国专利不仅数量最多，专利质量也非常高，在3470项（9739件）专利中，总被引用超过16万次，专利被引率、平均被引次数和被引H指数分别达52.7%、16.7次和172，PCT专利数量也高达966件。日本和韩国在专利质量方面也有不错的表现，其中，日本的专利被引率最高，达54.9%。相比之下，我国虚拟现实技术专利虽然总数众多，但是专利总被引次数、平均被引次数、专利被引率、被引H指数、PCT专利数量和美国专利数量等指标相比都很低，这说明我国在虚拟现实技术领域的技术实力还有待加强。

表 4-1   虚拟现实技术主要技术输出国专利指标

指标	美国	日本	中国	韩国
专利公开数量（件）	9739	4225	1618	2173
总被引次数（次）	162 416	27 772	1510	4815
平均被引次数（次）	16.7	6.6	1.1	2.2
专利被引率	52.7%	54.9%	22.3%	38.4%
被引H指数	172	61	15	27
PCT专利数量（件）	966	102	22	84
美国专利数量（件）	3289	472	16	224

① 林志坚. 杭州未来 5 ~ 10 年高新技术新兴产业领域选择性研究：虚拟现实产业发展态势研究 [R]. 杭州：浙江省科技信息研究院，2016.

数据来源

①总被引次数可以通过 DI 的引证关系分析获得。方法：在 DDA 中获得某国专利的"Derwent Assession Number"→粘贴到 DI 中检索→点击 DI 页面右下角的"导出"→选择 Excel 格式导出→在 Excel 里面可以统计总被引次数、被引专利数，并计算 H 指数等信息（图 4-9）。

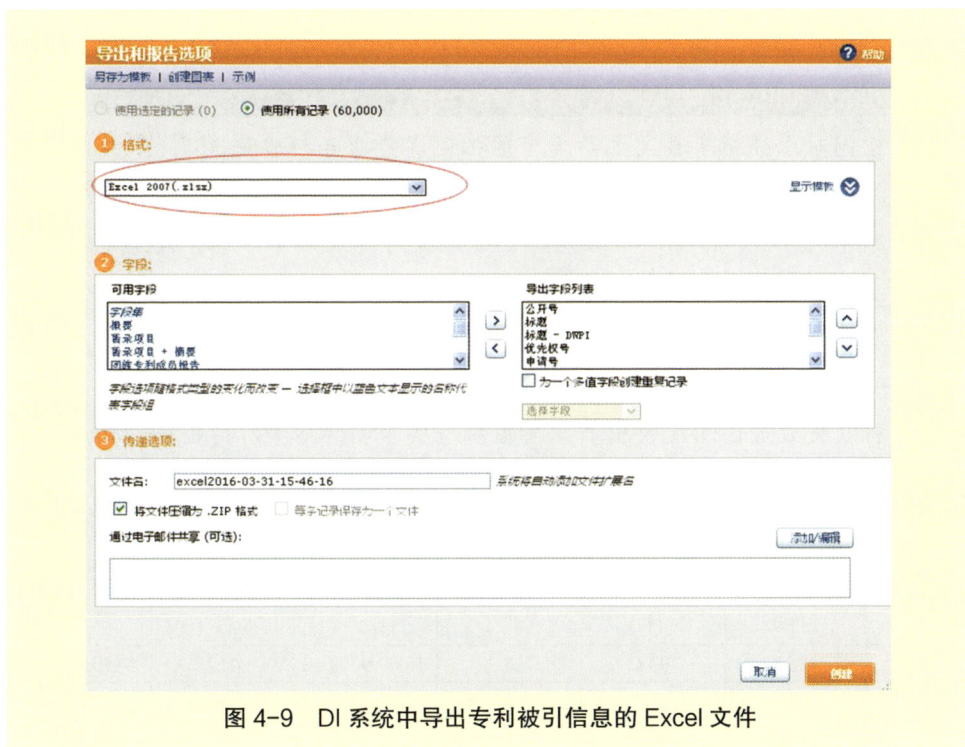

图 4-9 DI 系统中导出专利被引信息的 Excel 文件

②平均被引次数 = 总被引次数 / 某国在该领域的专利总量。

③专利被引率 = 被引专利数量 / 某国在该领域的专利总量。

④被引 H 指数，CHI Research 公司将国家专利授权 H 指数定义为某国拥有至多 H 件至少被引用了 H 次的授权专利。

⑤ PCT 专利数量，在 DDA 中，选"Priority Countries"与"Family Member Countries"生成二维数据，查看某国在 WIPO 的专利申请数量。

⑥美国专利数量，在 DDA 中，选"Priority Countries"与"Family Member Countries"生成二维数据，查看某国在美国的专利申请数量。

⑦三方同族专利数量，在 DDA 中，选择"Scripts"→"Report–DDA Pivot Charts"→"Trilateral Quadrilateral Family Trend Chart"，生成与"Derwent Accession Number"相关联的三方同族专利（Tri），然后在"Derwent Accession Number"列表中点击"Tri"这一列，选中所有三方同族专利，建立子数据集，在子数据集中双击"Priority Countries"，查看某国的三方同族专利数量。

案例 4.7　国内省市虚拟现实产业专利指标分析

本案例对比分析了我国主要省市虚拟现实产业专利质量情况[①]。从浙江省的专利结构来看，发明专利仅占 48.48%，远落后于全国平均水平的 69.97%，更低于北京市的 87.27%，在专利数量 TOP 10 省市中排名第 9 位，发明专利申请比例严重失调（表 4-2）。另外，浙江省的虚拟现实专利授权率也比较低，在专利数量 TOP 10 省市中排名第 7 位。进一步分析无效专利，其失效原因主要为"发明专利申请公布后的视为撤回"和"未缴年费专利权终止"。以上专利质量指标及失效原因均反映出浙江省虚拟现实专利的质量有待提高，提示该省虚拟现实产业很可能存在核心技术的欠缺，研发投入不足。

表 4-2　国内省市虚拟现实产业专利类型及法律状态分析

国省	专利数量（件）	发明专利（件）	PCT 专利（件）	发明专利比例	授权专利（件）	授权率
中国	1332	932	5	69.97%	412	30.93%
北京	267	233	1	87.27%	59	22.10%
广东	255	173	0	67.84%	89	34.90%
上海	155	102	0	65.81%	60	38.71%
江苏	105	80	1	76.19%	27	25.71%
山东	77	49	0	63.64%	25	32.47%
浙江	66	32	0	48.48%	21	31.82%
四川	62	41	0	66.13%	21	33.87%
辽宁	35	24	0	68.57%	8	22.86%
天津	32	16	0	50.00%	13	40.63%
重庆	25	12	0	48.00%	11	44.00%

①　林志坚，林晔，谌凯，等.推动浙江省虚拟现实产业发展的专利分析与建议 [J].科技通报，2017，33（5）：248-253.

数据来源

通过 PIAS 的"总体报表"分析功能可得。详见第二章"PIAS 专利信息分析系统"的"总体报表"部分。

4.6　产业专利聚集度分析

4.6.1　分析目的

对于一个地区来说，现有的研发资源需要被合理分布在不同的产业中。翟卫军等人利用产业专利聚集度指标，通过分析各个地区某产业的专利比例状况，来说明其在该产业中的发展潜力。若产业专利聚集度高，表明该地区在该产业的科技创新能力和经济发展潜力强，并有希望形成优势产业；相反，产业专利聚集度低，则表明该地区在该产业的发展优势较弱。

产业专利聚集度分析具有以下作用：

①可以作为专利评价指标体系的补充；

②可以在制定区域发展战略中发挥重要作用；

③可以在专利聚集度指标基础上进一步研究该指标与产业投入产出之间的关系，进而丰富专利聚集度指标的内涵。

4.6.2　分析方法

产业专利聚集度分析通常与区域产业专利申请量联合起来对比分析。产业专利聚集度是以某一地区为研究对象，考察所有产业的专利分布情况，反映该地区在某一产业的专利实力，其计算方法为：

产业专利聚集度 = 某地区在某产业领域的专利申请量 / 某地区在各产业领域的专利总量

4.6.3　分析案例

案例 4.8　虚拟现实产业国内主要省市专利聚集度分析

本案例以浙江省为例，对标国内其他省市，分析该省在虚拟现实产业专利聚集度上的优劣势[①]。

对于一个地区而言，已有的研发资源需要被合理分布在不同的产业中。故评价一个地区产业结构的发展潜力，不仅要看专利总量，还应考虑产业专利聚集度指标。从专利申请量上看，浙江省仅有 62 件虚拟现实专利，远远落后于北京、广东、上海和江苏等省市（图 4-10）。从国内虚拟现实专利数量 TOP 10 省市的专利聚集度分析中（图 4-11），可知北京、广东、上海在专利申请量和虚拟现实专利产业聚集度方面均位列全国前 3 位。而浙江省虽然专利申请量排名第 6 位，但是产业专利聚集度却很低，落后于所分析的其他 9 个省市。这说明，浙江省在虚拟现实产业中的研发投入力度不强，既定的产业资源布局不能够使该产业成为浙江省的优势产业。

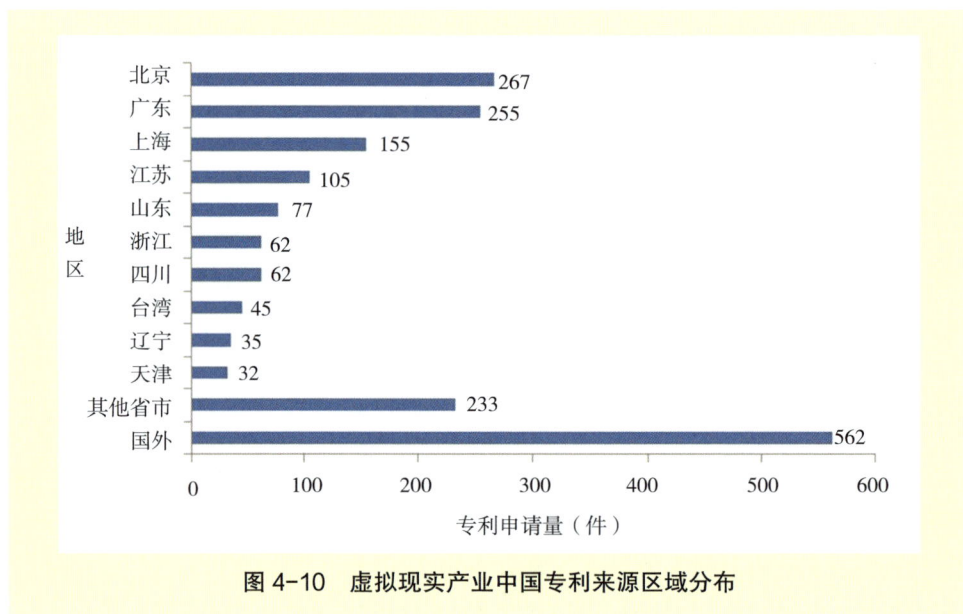

图 4-10　虚拟现实产业中国专利来源区域分布

---

①　林志坚，林晔，谌凯，等．推动浙江省虚拟现实产业发展的专利分析与建议 [J].科技通报，2017, 33（5）：248-253.

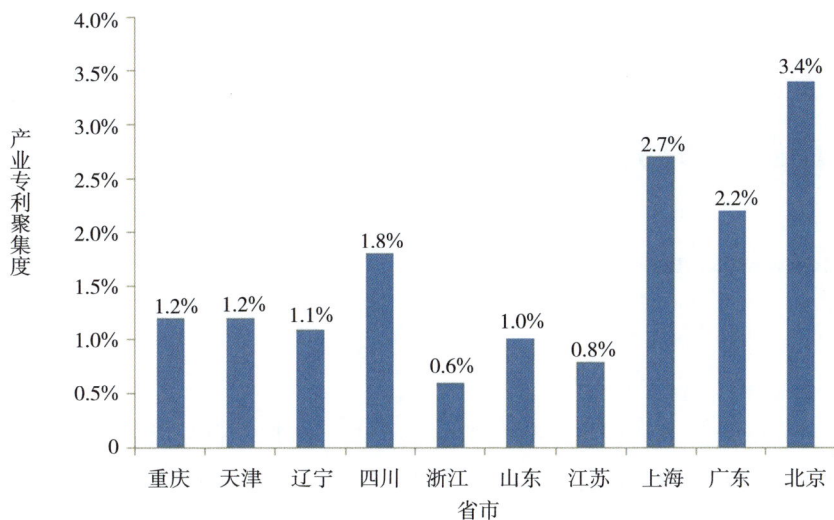

图 4-11　国内省市虚拟现实产业专利聚集度

第五章
市场主体分析

专利分析意义上的市场主体主要包括企业、高校、科研院所、个人，以及多个专利申请人形成的产业共同体，如专利联盟、产业联盟等。其中，企业是市场主体的主要组成部分。

市场主体分析主要包括重要市场主体确定，以及市场主体构成及其实力、专利区域布局、技术特征、研发团队、专利技术合作和专利诉讼分析等。

一般而言，对于市场主体的分析可以包括以下步骤：

①从众多市场主体中遴选出值得分析的重要市场主体；

②收集重要市场主体的相关信息；

③结合多方面信息对重要市场主体进行深入分析。

5.1　重要市场主体的确定

确定行业中的重要市场主体是做好市场主体分析的必要环节。确定重要市场主体的方法包括申请量排名、企业调研、问卷调查、产业专家咨询和行业研究报告参考等。

重要市场主体并不一定是申请量排名前几位的申请人，也可以是在行业中具有重大影响和 / 或拟重点研究的申请人，如占据较大市场份额但申请量不是很大的申请人。所确定的重要市场主体应当具备两大要素：①在行业具有重要性、典型性或代表性；②掌握重要专利或具有长远专利战略。

5.2 市场主体构成分析

5.2.1 分析目的

通过对不同对象的申请人构成进行分析，可达到如下目的：

①明晰创新者身份组成，辨识市场主体；

②评估竞争对手的特点和实力，了解某技术领域或地域范围的市场竞争情况。

5.2.2 分析方法

申请人构成分析的前提是对申请人进行归类，归类角度可包括：申请人所属地域，如中国申请人、美国申请人、日本申请人等；申请人类型，如个人、研究机构、高校、企业等。

申请人构成分析内容主要有特征点分析和比较分析，其中：

①特征点分析，指分析单个分析对象的申请人构成特征，结合商业、技术、政策，以及其他专利统计信息等共同剖析特征点出现的原因。

②比较分析，指比较申请人构成差异，结合商业、技术、政策，以及其他专利统计信息等共同剖析差异出现的原因，并进行合理的推测。包括"自身比自身"和"自身比他人"两种分析方法。其中，"自身比自身"是比较同一分析对象在不同时期的申请人构成差异；"自身比他人"是比较不同分析对象的申请人构成差异，如比较不同技术领域的申请人类型构成差异。

5.2.3 分析案例

案例 5.1　骨修复替代材料国内市场主体构成分析

本案例分析了骨修复替代材料领域我国专利申请人构成情况，可了解领域研发机构的类型构成[①]。从专利申请人类型分析，国内高校申请的骨修复替代材料专利数量最多，有 875 件，占比 47%，之后是企业、机关团体和个人，分别占比 19%、11% 和 11%（图 5-1）。说明我国高校在骨修复替代材料领域的

---

① 林志坚 . 基于专利分析的浙江省生物医用材料产业发展思路与对策研究 [R]. 杭州：浙江省科技信息研究院，2017.

研究实力雄厚，技术发展水平基本代表了该技术领域的整体发展水平，因此，关注高校的技术创新动态便可大致了解该领域的发展情况。另外，图 5-1 也提示了企业在该领域的研发实力较弱，我国在该领域的科研成果产业化程度不足。

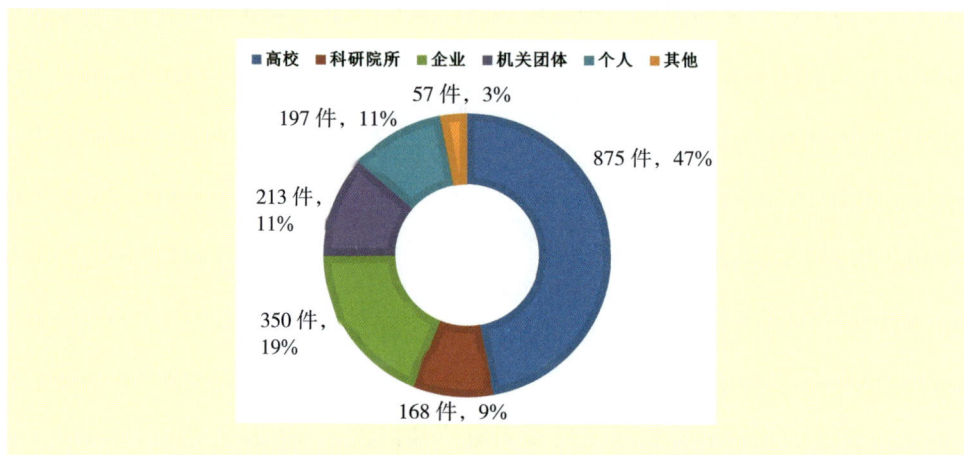

图 5-1　骨修复替代材料中国专利申请人类型

5.3　专利优势机构分析

5.3.1　分析目的

通过对专利申请人排序分析，可筛选出专利优势机构，还可以进一步将专利优势机构作为分析对象，进行数据趋势和数据构成分析，如比较分析其技术广度、技术构成、研发团队规模等，比较这些机构的实力，为市场竞争及合作提供决策依据。

5.3.2　分析方法

申请人排序分析图表中的数据除专利申请量外，还可以是授权量、公开量、发明人数、引证次数等其他指标。

分析内容主要为特征点分析，即分析申请人排序特点，结合商业、技术、政策，以及其他专利统计信息等共同剖析特征点出现的原因，从而了解其实力对比。

5.3.3 分析案例

案例 5.2 全球医用机器人产业专利优势机构分析

本案例通过专利申请量排序法，研究全球医用机器人领域的优势研发机构[①]。全球有 5000 余家机构在医用机器人相关领域进行了专利申请，排名前 20 位的机构主要来自美国、韩国、德国、日本、荷兰和中国，其中，企业 15 家，研究机构 5 家（图 5-2）。来自美国的 7 家机构包括：直觉外科公司（第 1 位）、ETHICON 公司（第 2 位）、美敦力公司（第 4 位）、汉森医疗公司（第 5 位）、MAKO 外科公司（第 10 位）、INTOUCH 公司（第 17 位）、RESTORATION 机器人公司（第 19 位），均为企业，而且更为侧重临床机器人特别是外科手术机器人的研发工作，在康复和假体机器人方面申请的专利较少。来自日本的 3 家机构包括：奥林巴斯公司（第 3 位）、丰田公司（第 18 位）、索尼公司（第 20 位），其中，丰田和索尼除了布局临床机器人及康复和假体机器人外，还针对轮椅机器人等医用辅助机器人申请有大量专利。来自韩国的

图 5-2 全球医用机器人 TOP 20 专利申请人

---

① 吴磊琦，谌凯，林志坚，等.基于专利分析的医用机器人发展态势研究 [J].科技通报，2017，33（06）：242-247.

4家机构包括：三星公司（第7位）、韩国科学技术院（第8位）、MEERE公司（第13位）、现代公司（第15位），3家为企业，1家为研究机构，其中，三星和现代对康复和假体机器人有较多专利申请。此外，德国和荷兰均有1家公司跻身TOP 20，分别为德国西门子公司（第6位）和荷兰飞利浦公司（第9位）。来自中国的4家机构上海交通大学、哈尔滨工业大学、北京航空航天大学、天津大学均为高校，说明相比其他国家，中国医用机器人的研究主要集中在高校，距产业化还有一定距离。

5.4　市场主体专利指标分析

5.4.1　分析目的

市场主体专利指标分析作为专利优势机构分析的有效补充，是确定重要市场主体的有效方法之一，同时也是评价市场主体综合实力的有效方法。通过专利指标分析，有利于某市场主体对标他人的专利指标，分析自身长处与短板，为企业的专利管理活动提供参考。

5.4.2　分析方法

市场主体专利指标分析可以通过对比申请量、授权量、专利活动年期、平均专利年龄、近期专利申请量、被引频次、PCT专利数量、三方同族专利数量及比例等指标来综合评价。

5.4.3　分析案例

| 案例5.3　全球医用机器人产业主要申请人专利指标分析 |

本案例分析了全球医用机器人TOP 20专利申请人的专利申请相关指标，包括专利活动年期、平均专利年龄、2011年后专利申请量及占比等（表5-1）[①]。美国直觉外科公司于1992年开始医用机器人的专利申请，并长期坚持在该领域的研发投入，活动年期长达25年；与直觉外科公司类似，美国ETHICON、

---

① 谌凯. 机器人专利战略分析研究报告：服务机器人人机协同与安全[R]. 杭州：浙江省科技信息研究院，2018.

日本奥林巴斯、美国美敦力、美国汉森医疗、德国西门子等均是较早就开始医用机器人领域的研发工作，并坚持至今；而韩国四强——三星（2000年）、韩国科学技术院（2001年）、MEERE（2008年）和现代（2005年）均较晚才开展医用机器人领域的研发工作，三星2011年后专利申请量占比达84.9%，现代达91.7%；上海交通大学、哈尔滨工业大学、北京航空航天大学和天津大学在该领域的起步相对较晚，但是专利申请量增速较快，2011年后专利申请量占比均超过了70%。上海交通大学近年来研发有灵巧假肢与高性能生机接口技术，成功开发SJT-6仿人假肢手；哈尔滨工业大学开发有专科型微创手术及手术辅助机器人系统。

表 5-1　全球医用机器人主要申请人专利指标

排名	申请人	专利申请量（项）	专利活动年期（年）	平均专利年龄（年）	2011年后专利申请量（项）（占比）
1	美国直觉外科	861	25	9.4	291（33.8%）
2	美国 ETHICON	347	19	7.2	182（52.4%）
3	日本奥林巴斯	221	21	6.4	165（74.7%）
4	美国美敦力	193	17	4.3	165（85.5%）
5	美国汉森医疗	167	18	10.3	48（28.7%）
6	德国西门子	123	22	8.5	36（29.3%）
7	韩国三星	106	14	5.2	90（84.9%）
8	韩国科学技术院	85	17	7.7	45（52.9%）
9	荷兰飞利浦	84	16	4.9	67（79.8%）
10	美国 MAKO 外科	84	13	6.7	51（60.7%）
11	上海交通大学	84	15	5.1	59（70.2%）
12	哈尔滨工业大学	70	12	3.3	61（87.1%）
13	韩国 MEERE	66	10	6.6	28（42.4%）
14	北京航空航天大学	61	16	5.0	46（75.4%）
15	韩国现代	60	10	3.5	55（91.7%）
16	天津大学	57	13	4.5	42（73.7%）
17	美国 INTOUCH	55	12	11.1	3（5.5%）
18	日本丰田	55	14	7.1	18（32.7%）
19	美国 RESTORATION 机器人	54	12	8.1	17（31.5%）
20	日本索尼	53	18	8.5	28（52.8%）

5.5 市场主体实力对比分析

5.5.1 分析目的

市场主体实力对比分析和专利优势机构分析、专利指标分析一样，是确定重要市场主体的有效方法之一，同时也是评价市场主体综合实力的有效方法。

5.5.2 分析方法

本部分所用的市场主体实力对比分析法是基于 PatentStrategies 专利检索和分析平台，利用 PatentStrategies 生成的企业财务和专利实力分析气泡图。该图综合考虑了企业的专利数量、专利涉及分类数量、专利涉及地区数量、被引次数、营业收入、专利侵权情况等方面。

PatentStrategies 企业财务和专利实力分析气泡图制作方法可参阅第二章"分析专利申请人综合实力和技术实力"部分。

5.5.3 分析案例

案例 5.4   全球医用机器人产业市场主体实力对比分析

本案例采用 PatentStrategies 企业财务和专利实力分析气泡图法开展医用机器人领域主要专利申请人实力对比分析[①]。图 5-3 中，不同颜色的气泡代表不同的企业，气泡大小代表该企业的专利数量。横坐标代表企业技术综合指标（亦称愿景轴，Vision），即专利申请人的专利性，气泡位置越靠右，表示申请人在医用机器人领域的关注程度和专利技术实力越突出。纵坐标代表企业财力和市场资源指标（亦称资源轴，Resources），即专利申请人的市场性，气泡位置越高，表示该企业利用专利的能力越强。

可以看出，美国直觉外科（Intuitive Surgical）、日本奥林巴斯（Olympus）综合实力比较强，其中，美国直觉外科的技术实力遥遥领先。

---

① 谌凯 . 机器人专利战略分析研究报告：服务机器人人机协同与安全 [R]. 杭州：浙江省科技信息研究院，2018.

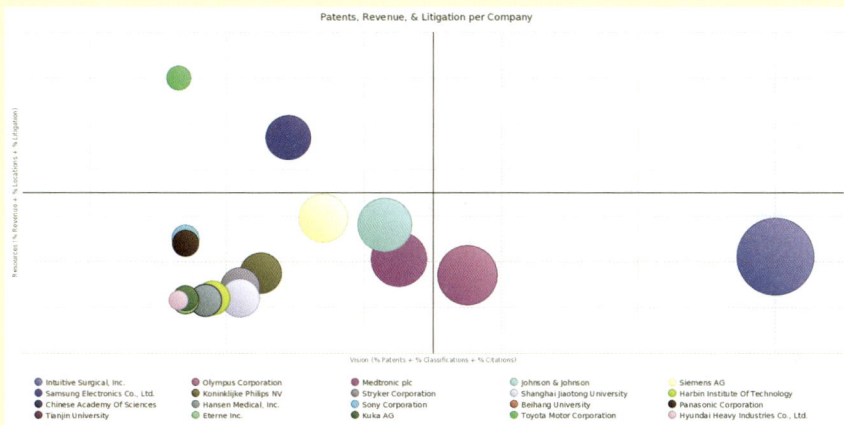

图5-3　全球医用机器人专利申请人实力分布

如图5-4所示，年收入在10亿美元以下的专利申请人中，上海交通大学（Shanghai Jiaotong University）、哈尔滨工业大学（Harbin Institute of Technology）、中国科学院（Chinese Academy of Science）、北京航空航天大学（Beihang University）技术实力较强，是技术合作的潜在对象，中小规模企业中，美国汉森医疗（Hansen Medical）、韩国伊顿（Eterne）的技术实力较强，但规模较小，是收购的潜在对象。

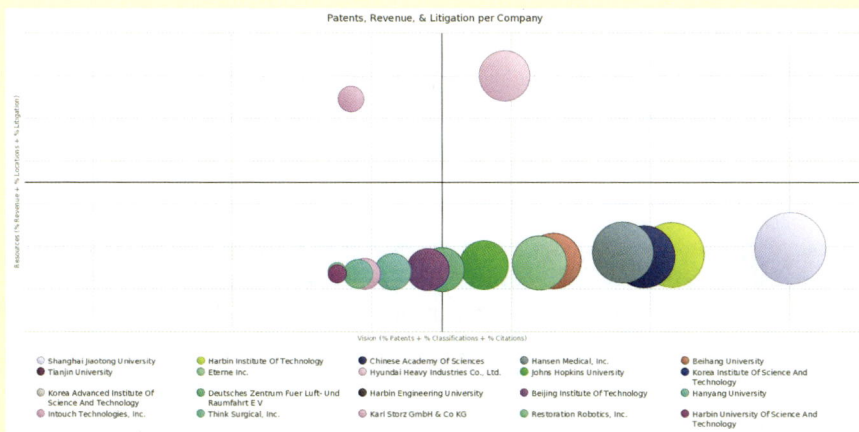

图5-4　年收入≤10亿美元的医用机器人专利申请人实力分布

5.6 市场主体专利区域布局分析

5.6.1 分析目的

重要市场主体通常会在目标市场进行专利布局以提高自身在目标市场的占有率和竞争力。对其专利区域布局进行分析，能够宏观地反映出各个国家和地区、各市场主体的技术水平及专利布局情况，对于了解海外市场及寻求区域合作有着重要的意义。

5.6.2 分析方法

对于全球专利的分析，市场主体的国别或区域能够从优先权字段或公开号字段中获得。优先权中的国别信息能够反映出该国别或地区为技术输出地，反映出市场主体的国籍及公司总部或研发中心所在地。专利公开号中的国别信息能够反映出市场主体希望在该国别或地区获得专利保护，体现出市场主体的专利布局策略。基于优先权中的国别，可以分析市场主体的主要目标市场及其在目标市场的布局情况。结合多边申请和申请量，可以分析市场主体的技术水平及专利布局策略；也可以由某一技术分支主要申请人的申请量排名找出竞争对手，对竞争对手展开分析。基于公开号中的国别，可以发现行业中主要技术集中的目标市场，以及关注该目标市场的主要国家和地区、主要申请人。结合公开号中的国别和年代分布，可以分析目标市场的变化，也可以分析目前市场主体在全球的专利分布或布局情况。

该分析方法的相关数据可以通过 DDA 软件中的"专利申请人"与"专利家族国"的二维矩阵分析得到。

5.6.3 分析案例

案例 5.5 全球医用机器人产业主要申请人专利申请区域布局分析

本案例分析了全球医用机器人 TOP 20 专利申请人的专利申请区域布局情况（表 5-2）[①]。可以看到，美国直觉外科、美国 ETHICON、日本奥林巴斯、

---

① 谌凯. 机器人专利战略分析研究报告：服务机器人人机协同与安全 [R]. 杭州：浙江省科技信息研究院，2018.

美国美敦力、荷兰飞利浦等申请人为在中国销售医用机器人产品,在中国均布局有大量专利,给我国创新主体医用机器人研发和生产带来较大壁垒,而美国汉森医疗、韩国科学技术院、韩国现代、日本丰田等申请人在中国专利布局较少,我国创新主体可以考虑对这些申请人未在中国申请同族专利的相关专利加以利用。

表 5-2　全球医用机器人主要申请人专利申请区域布局

单位:项

区域布局	美国	中国	日本	欧洲	韩国
美国直觉外科	809	230	216	259	224
美国 ETHICON	340	134	125	149	8
日本奥林巴斯	173	163	21 1	150	1
美国美敦力	107	71	31	62	3
美国汉森医疗	166	2	7	26	
德国西门子	78	29	16	14	3
韩国三星	95	23	21	20	104
韩国科学技术院	25	2	5	6	85
荷兰飞利浦	60	59	56	62	1
美国 MAKO 外科	77	26	10	31	8
上海交通大学		84			
哈尔滨工业大学		70			
韩国 MEERE	1 1	18			66
北京航空航天大学	3	61		1	
韩国现代	10	5	2		60
天津大学		57			
美国 INTOUCH	55	10	7	10	4
日本丰田	22	7	49	7	3
美国 RESTORATION 机器人	54	1 1	13	12	12
日本索尼	25	17	45	17	5

5.7 市场主体技术特征分析

5.7.1 分析目的

分析不同市场主体的专利技术特征情况，可以发现其研发思路和研发重点。通过该分析，企业可以结合自身的技术特点、发展规划和主要竞争对手的技术特征，来决定是否涉足某技术领域，如何规避既有的专利壁垒，从而为企业的发展提供方向。

5.7.2 分析方法

该分析方法的相关数据可以通过 DDA 软件中的"专利申请人"与"IPC""MC"或自主创建的技术分类字段的二维矩阵分析得到。

5.7.3 分析案例

案例 5.6   浙江省内医用机器人主要专利申请人技术特征分析

表 5-3 列出了浙江省内医用机器人专利的申请情况（至少 2 项专利）[①]。主要有浙江大学、浙江理工大学、浙江侍维波机器人科技有限公司、浙江工业大学、中国计量大学、温州医科大学附属眼视光医院等申请了医用机器人相关专利。其中，浙江大学申请有仿蝌蚪与螺旋的血管机器人、基于生物电池的肠道机器人、医用微型机器人的体内驱动方法及其驱动器等临床机器人相关专利，以及多体位外骨骼下肢康复训练机器人、基于呼吸困难度反馈的机器人肺康复训练系统、轮椅式截瘫患者行走训练机器人等康复和假体机器人相关专利；浙江理工大学申请有用于微创手术的新型混联机械手等临床机器人相关专利；浙江侍维波机器人科技有限公司位于海创园，申请有护理机器人等相关专利；温州医科大学附属眼视光医院申请有眼科手术机器人等相关专利。

---

① 谌凯．机器人专利战略分析研究报告：服务机器人人机协同与安全 [R]．杭州：浙江省科技信息研究院，2018.

表 5-3　浙江省内医用机器人主要专利申请人

所属地市	申请人	临床机器人	康复和假体机器人	其他
杭州	浙江大学	7	11	0
	浙江理工大学	11	0	0
	浙江侍维波机器人科技有限公司（海创园）	0	1	5（护理机器人）
	浙江工业大学	0	3	0
	中国计量大学	0	0	2（送药机器人）
	杭州三坛医疗科技有限公司	2	0	0
	杭州捷诺飞生物科技有限公司	2	0	0
	杭州福祉医疗器械有限公司	0	2	0
	杭州翼兔网络科技有限公司	1		1（远程控制装置）
	浙江机电职业技术学院	2	0	0
温州	温州医科大学附属眼视光医院	4	0	0
	温州职业技术学院	2	0	0
	浙江圣普电梯有限公司	0	0	2（轮椅机器人）
嘉兴	嘉兴川页奇精密自动化机电有限公司	0	0	3（轮椅机器人）
宁波	中国科学院宁波材料技术与工程研究所	0	2	0

5.8　发明人和团队分析

5.8.1　分析目的

　　发明人分析可以找出发明创新最多的技术人才，作为企业人才引进的重要参考因素，持续关注重点发明人的技术研发动态，还可了解前沿技术的演进趋势，洞察产业机遇。

　　研发团队是研发过程中的创新单元，是合作完成技术创新的多个发明人的集合体。研发团队分析包括发明人之间的合作关系分析、发明人个体的比较分析等，以挖掘出行业内的重要发明人。

5.8.2 分析方法

对发明人分析可以采用发明人专利数量排序图表法，分析的变量可以是授权量、公开量、引证次数等指标。分析内容主要为特征点分析，即分析发明人排序特点，结合商业、技术、政策等其他信息共同剖析特征点出现的原因。

研发团队分析可以单独进行，也可以与申请人结合进行，分析申请人的核心发明人或发明团队可以反映出申请人的研发管理体制和激励机制等信息。

5.8.3 分析案例

案例 5.7　全球医用机器人产业主要发明人及团队

专利发明人是对发明创造的实质性特点做出创造性贡献的人，通过对重要发明人及其团队的梳理，可为人才引进提供参考。全球医用机器人 TOP 10 发明人主要来自欧美和日本企业，如美国 ETHICON、直觉外科、INTOUCH、汉森医疗，以及日本奥林巴斯、荷兰飞利浦等，大多数近期还保持活跃，各发明人及其团队的技术特征如表 5-4 所示[①]。

表 5-4　全球医用机器人主要发明人及团队

申请量	发明人	所属机构	TOP 3 合作者	时间区间	核心技术
214	Shelton F E	美国 ETHICON	Morgan J R、Shelton F E I、Swayze J S	2003—2016	外科吻合器，施加或撤除创口夹的器械
105	Larkin D Q	美国直觉外科	Cooper T G、Shafer D C、Diolaiti N	1998—2014	外科手术机器人，用目视或照相检查人体的腔或管的仪器，专门适用于特定应用的数字计算或数据处理的设备或方法
93	Petrenko L P	—	—	2010—2016	手术台及其附件，其他手术或诊断用的仪器、器械或附件

---

① 谌凯．机器人专利战略分析研究报告：服务机器人人机协同与安全 [R]. 杭州：浙江省科技信息研究院，2018.

续表

申请量	发明人	所属机构	TOP 3 合作者	时间区间	核心技术
77	Kishi K	日本奥林巴斯	Kishi H、Kishi K、Ogawa R	2003—2016	其他手术或诊断用的仪器、器械或附件，主从型机械手，用目视或照相检查人体的腔或管的仪器
69	Prisco G M	美国直觉外科	Rogers T W、Prisco G、Larkin D Q	1998—2015	其他手术或诊断用的仪器、器械或附件，外科手术机器人
66	Schena B M	美国直觉外科	Devengenzo R L	1996—2015	其他手术或诊断用的仪器、器械或附件，外科手术主从式机器人
60	Wang Y	美国INTOUCH	Jordan C S、Pinter M、Southard J	1996—2010	专门适用于特定应用的数字计算或数据处理的设备或方法，装在车轮上或车厢上的机械手，程序控制机械手
54	Blumenkr A	美国直觉外科	Guthart G S、Hasser C J、Younge R G	1996—2014	其他手术或诊断用的仪器、器械或附件，外科器械、装置或方法，基于材料受应力时其光学性质的变化测力
53	Popovic A	荷兰飞利浦	Noonan D P、Elhaway H、Reinstein A L	2008—2016	其他手术或诊断用的仪器、器械或附件，用目视或照相检查人体的腔或管的仪器，外科手术机器人
36	Lee W	美国汉森医疗	Brock D L、Weitzner B、Rogers G	1998—2002	其他手术或诊断用的仪器、器械或附件，用于缝合创口的器械，手术钳子

5.9　专利技术合作分析

5.9.1　分析目的

合作申请是专利申请的一种常见形式。由于技术问题的复杂性，专利申请逐步出现了多个申请主体、多个权利人的情形。共同申请的专利是市场主体之间合作创新成果的直接体现。对于专利申请中这一独特现象的分析，有助于更清楚地了解产业间的合作关系，寻找技术研发的合作伙伴及探索实现自主创新的机制。

5.9.2 分析方法

对于专利技术合作分析可以从合作申请人类型和产业链的位置两个维度来分析。

根据申请人的类型，专利共同申请可以为：公司与公司的共同申请、公司与个人的共同申请、个人与个人的共同申请、公司与研究机构的共同申请、公司与高校的共同申请等。

根据所处产业链的位置，专利共同申请可以分为：公司与上游产业公司的共同申请、公司与下游产业公司的共同申请、公司与处于同一产业位置的研究机构或高校的共同申请、公司与处于同一产业位置的其他公司的共同申请。

5.9.3 分析案例

案例 5.8　市场主体间的专利技术合作分析

本案例分析了日本三菱综合材料株式会社在刀具材料领域与其他机构的合作情况[①]。从图 5-5 可以看出，三菱材料的合作对象涉及的行业是多样化的：有像丰田、本田、爱信、铃木等从事汽车产业的下游企业，也有像神户钢铁、特殊陶式等提供原材料的上游企业，还包括像丰田技术学院这样的研究机构，以及住友电工、神户工具等制造刀具的同行企业。这种合作研发机制已经突破了传统的产学研合作模式，根据企业需求形成了"四位一体"的新兴模式。

因为合作对象的研发重点不同，专利技术合作的领域也会有所差异。三菱材料与下游企业（汽车、航空航天、电子产品行业）的研发合作侧重于刀具的具体应用方面，与上游企业（原材料行业）的研发合作偏重于刀具的材料；而与高校、研究机构的合作，则侧重于前沿理论的探索，这种基础理论的突破会在不久的将来应用于实际，引领刀具行业的发展方向；至于同行企业，它们之间的研发合作偏向于刀具领域的通用型问题，这种取长补短式的合作模式更有利于吸取同行企业的技术特长，帮助企业研发人员更好地拓展思维及调整研发方向。

---

① 改编自：杨铁军 . 产业专利分析报告（第 3 册）：切削加工刀具 [M]. 北京：知识产权出版社，2012：187.

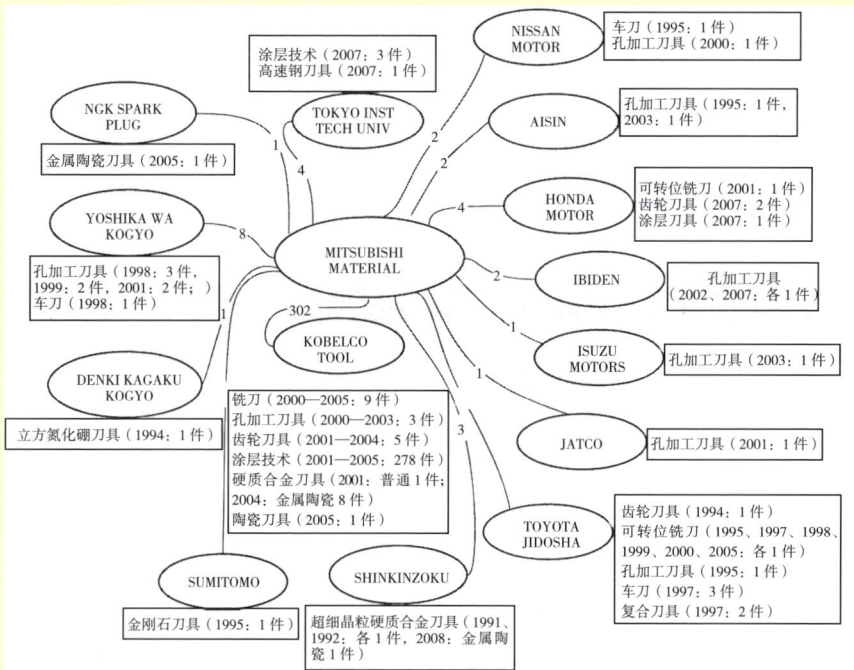

图5-5　基于专利技术合作分析的三菱材料合作伙伴

5.10　专利诉讼分析

5.10.1　分析目的

对专利诉讼案件进行分析有助于市场主体提高专利意识，提升专利申请的质量，也能为市场主体制定专利发展策略提供一定的帮助。

一般来说，专利授权后被异议的可能性越大、诉讼案件越多，提升该专利的商业价值越高；其中，"抵御成功"的专利的稳定性更强、价值更高。因此，专利诉讼分析也是获取核心专利和高价值专利的有效方法之一。

5.10.2　分析方法

查找专利诉讼信息的方法有多种，本部分介绍如何利用PatentStrategies、

incoPat 和知产宝系统查阅。

（1）PatentStrategies 系统查阅专利诉讼信息

在 LexisNexis PatentStrategies 系统中，选择"Projects"的专利库界面，于"Keywords"下方空白处输入"+litigated"，然后点击回车键，即可得到专利库中涉及专利诉讼的相关专利（图 5-6 和图 5-7）。

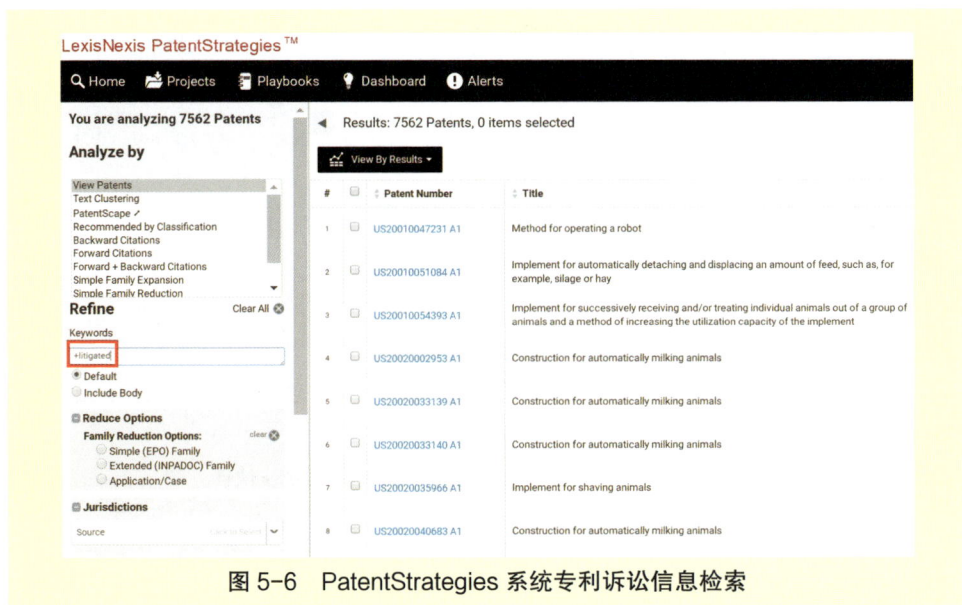

图 5-6　PatentStrategies 系统专利诉讼信息检索

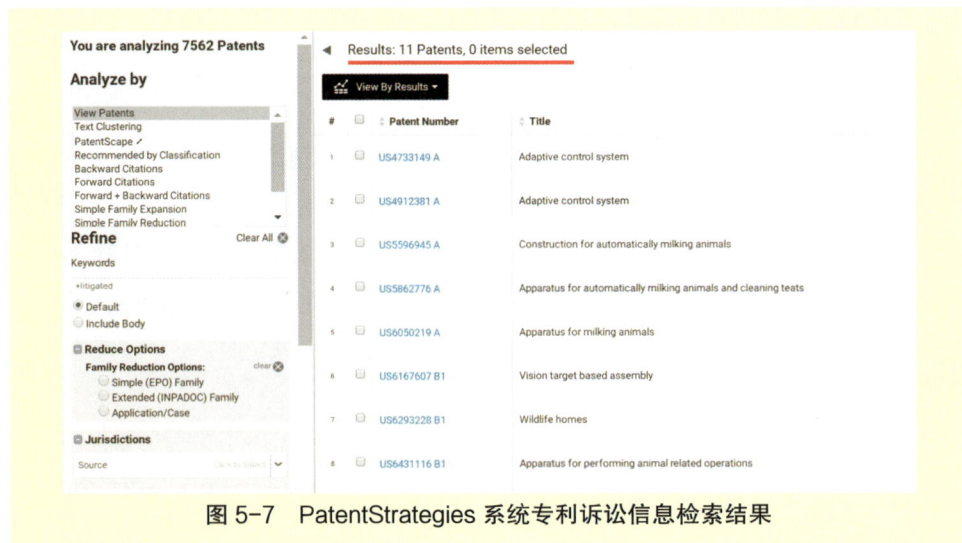

图 5-7　PatentStrategies 系统专利诉讼信息检索结果

（2）incoPat 系统查阅专利诉讼信息

在 incoPat 系统中，可以通过专利申请人或专利号检索诉讼信息。例如，在高级检索界面，于"申请人"字段空白处输入目标申请人名称（如"华为技术有限公司"），或根据实际需求设计检索策略。为避免重复统计，可去除页面左侧"数据范围"中相关选项，然后点击"检索"，即可得到该申请人的专利（图 5-8）。

图 5-8　incoPat 系统专利诉讼信息检索

进入检索结果界面后，每条专利的名称下面都会显示该专利是否涉及诉讼、无效审查、许可、转让和质押等（图 5-9）。

图 5-9　incoPat 系统专利诉讼信息检索结果

如需获得某个专利的具体法律状态信息，可点击该专利，然后点击页面左栏中的"法律信息"，可以获取专利诉讼详情及法律文书具体内容（图5-10）。

incoPat系统的其他专利法律状态检索方法可参阅第二章"法律检索"部分。

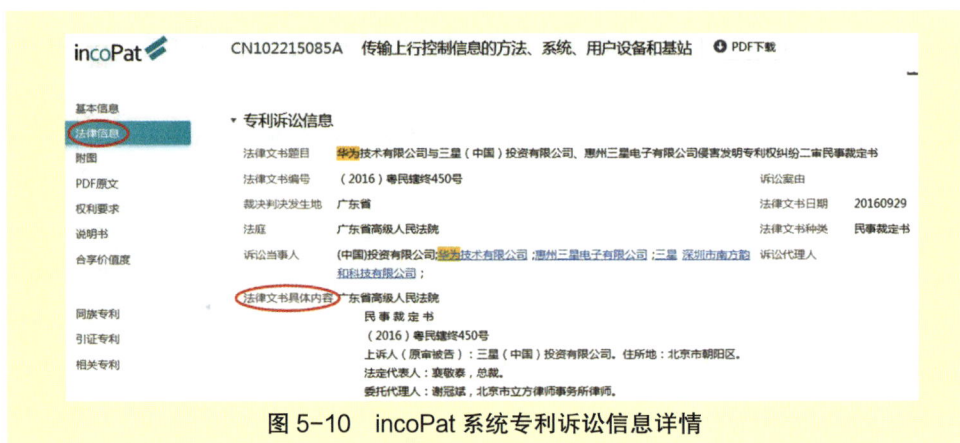

图5-10　incoPat系统专利诉讼信息详情

（3）知产宝查阅专利诉讼信息

通过知产宝网站（http://www.iphouse.cn）或知产宝微信公众号可查阅专利申请人名下的专利诉讼信息，还可查阅知识产权裁判文书（截至目前，官网查阅需付费，微信公众号可免费查阅），检索方法和结果如图5-11所示。

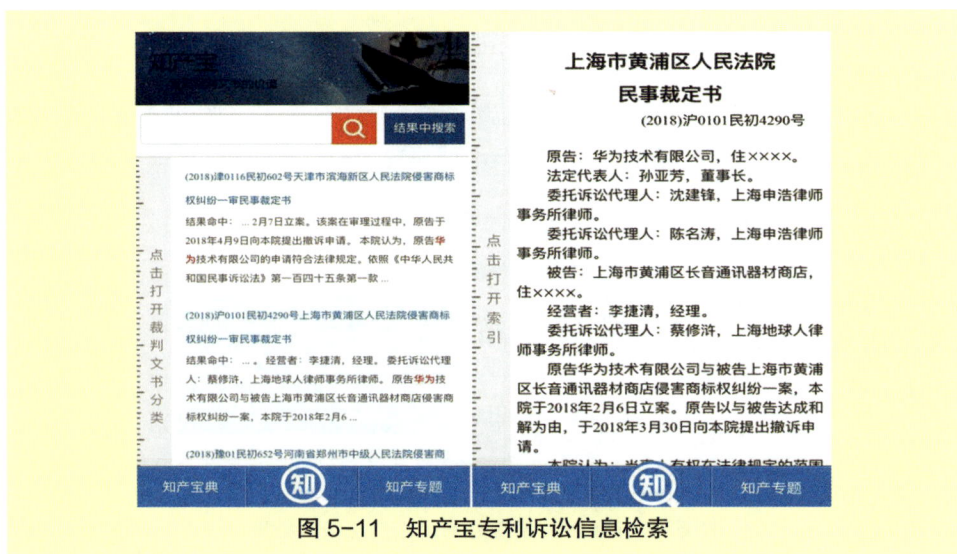

图5-11　知产宝专利诉讼信息检索

5.10.3 分析案例

表 5-5 按涉案次数高低列出了美国医用机器人专利诉讼情况，涉案专利的申请人包括美国 Marctec、Bio Tek Instruments、加州理工学院、Princeton Digital Image、Intouch Technologies、Bonutti Skeletal Innovations、Mako 外科等。

表 5-5　美国医用机器人相关涉案专利

公开号	申请人	申请年	标题	涉案次数（次）	法律状态
US7806896B1	美国 Marctec	2003	一种用于置换患者膝关节中的如椎骨关节的部分的方法，涉及将膝关节的置换部分连接到切割表面上，其中，所述置换部分的横向尺寸大于所述导向面的横向尺寸	11	过期
US8133229B1	美国 Marctec	2003	通过切口对患者腿部的膝关节进行全膝关节成形术，在患者腿部的膝盖部位进行切口，将腿部的膝盖部位中的髌骨从正常位置移至偏移位置	5	过期
US5217003A	美国 Wilk P J	1991	自动内窥镜外科系统使用机器人技术，通过电信链路在外科医生于远程地点的控制下进行操作	2	过期
US5355439A	美国 Bio Tek Instruments	1991	用于病理分析和测试的自动组织分析系统，使用机器人臂将样本移动到不同的处理站和处理器，以选择和优化样本的运动	2	过期
US5368015A	美国 Wilk P J	1993	一种用于腹腔镜或内窥镜手术的自动外科手术方法，其将视频信号图像传送到远距离位置，并与内窥镜器械直接手动接触	2	过期
US5710870A	美国加州理工学院	1995	微外科遥控机器人臂操纵器，具有耦合到放大器机箱的从机器人操纵器，所述放大器底盘耦合到控制机箱，所述控制机箱通过图形用户界面耦合到工作站	2	过期
US5800177A	美国 Princeton Digital Image	1996	虚拟手术系统使用所记录的专家仿真或实时教学来执行手术任务的功能	2	过期
US5800178A	美国 Princeton Digital Image	1996	虚拟手术系统使用所记录的专家仿真或实时教学来执行手术任务的功能	2	过期

续表

公开号	申请人	申请年	标题	涉案次数（次）	法律状态
US5784542A	美国加州理工学院	1996	在微手术期间使用的遥操作机器人系统，包括实时运动处理器，用于计算正向和反向运动关系，并用于控制臂和第一关节	2	过期
US5882206A	美国 Princeton Digital Image	1995	虚拟手术系统使用所记录的专家仿真或实时教学来执行手术任务的功能	2	过期
US6233504B1	美国加州理工学院	1999	用于外科医生的机器人辅助微手术系统，包括耦合到从机器人的力反馈元件，提供一种微手术操纵器中触控放大的主控装置	2	有效
US6385509B2	美国加州理工学院	2001	机械去耦的遥控机器人辅助微手术系统，具有耦合到机器人操纵器的执行器，具有机械分离的关节，以向物体施加力	2	有效
US6925357B2	美国 Intouch Technologies	2002	用于医疗领域的机器人系统，具有相机和监视器，以允许护理者在远程位置，通过机器人监控和护理患者，以及允许机器人在家中移动以定位患者的空白平台	2	有效
US7104996B2	美国 Bonutti Skeletal Innovations	2002	对患者体进行手术时使用的切割导向件，具有被移动到两个不同位置中的任一个的销，以在两个不同方位中的任一个方向上定向切割刃	2	过期
US7708740B1	美国 Bonutti Skeletal Innovations	2005	通过移动总膝盖植入物的股骨组件来执行全膝关节成形术，该全膝关节植入物可操作以通过主切口代替内侧髁和外侧髁的关节表面	2	过期
US7806897B1	美国 Bonutti Skeletal Innovations	2005	一种用于进行膝关节成形术的方法和制剂，包括通过主切口移动具有关节表面的膝关节植入物的股骨部件，以及相对于股骨切除表面定位股骨组件	2	过期
US7828852B2	美国 Bonutti Skeletal Innovations	2007	用于植入到骨上关节表面中的凹陷中的嵌入关节植入物，包括促进骨的生物重建的材料	2	过期
US7831292B2	美国 Mako 外科	2003	用于医疗应用的触觉装置实施方法，涉及基于从触觉装置接收的输入来修改与计算机辅助手术系统相关联的对象	2	有效

续表

公开号	申请人	申请年	标题	涉案次数（次）	法律状态
US7837736B2	美国 Bonutti Skeletal Innovations	2007	用于置换患者体内关节的第一侧的外科植入装置，具有连接以约束第一和第二部件相对于彼此的运动的销和凹部，从而保持接头在所需极限内的运动	2	过期
US7931690B1	美国 Bonutti Skeletal Innovations	2007	治疗骨关节表面的受损或患病部位，包括确定骨关节表面的受损或患病部位的程度；去除受损或患病部位，形成凹陷，并将植入物嵌入凹槽内	2	过期
US8010180B2	美国 Mako 外科	2006	用于替换如髋部的外科装置使用控制参数控制手术装置，基于患者的解剖和设备位置之间的关系，提供对用户的触觉引导和对设备操作的限制	2	有效

参考文献

[1] 蒋君，凌锋，霍翠婷．我国专利法律状态分析及实证研究 [J]. 科技管理研究，2014，34(3)：171–175.

[2] 王曰芬，张旭，邬尚君．在线专利分析软件的总体架构 [J]. 现代图书情报技术，2008，24(10)：48–53.

[3] 漆苏．企业国际化经营专利风险因素：基于专利属性的实证研究 [J]. 科研管理，2014，35(11)：139–145.

[4] 徐欣．技术升级投资与产品成本优势效应的实证研究：基于产品技术生命周期与工艺创新的视角 [J]. 科研管理，2013，34(8)：82–89.

[5] Breitzman A，Thomas P.Using patent citation analysis to target/value M&A candidates[J].Research-Technology Management，2002，45(5)：28–36.

[6] 佟贺丰，孝平，张静．基于专利计量的国家 H 指数分析 [J]. 情报科学，2013，31(12)：78–83.

[7] 陈旭，施国良．基于情景分析和专利地图的企业技术预见模式 [J]. 情报杂志，2016，35(5)：102–107.

[8] 李欣，黄鲁成．技术路线图方法探索与实践应用研究：基于文献计量和专利分析视角 [J]. 科技进步与对策，2016，33(5)：62–72.

[9] 沈君，高继平，滕立．德温特手工代码共现法：一种实用的专利地图法 [J]. 科学学与科学技术管理，2012，33(1)：12–16.

[10] Frietsch R，Schmoch U. Transnational patents and international markets[J]. Scientometrics，2010，82(1)：185–200.

[11]　钟丽丹.基于专利文献的我国船舶产业发展趋势研究 [J].科技通报，2015(5)：255-260.

[12]　黄鲁成，成雨，吴菲菲，等.基于专利分析的北京新能源汽车产业现状与对策研究 [J].情报杂志，2012，31（5）：1-6，11.

[13]　瞿卫军，姬翔，刘洋，等.衡量地区专利实力的新指标："专利聚集度"初探 [J].知识产权，2009，19（4）：3-6.

[14]　张娴，方曙，肖国华，等.专利文献价值评价模型构建及实证分析 [J].科技进步与对策，2011，28(6)：127-132.

[15]　林志坚，林晔，谌凯，等.推动浙江省虚拟现实产业发展的专利分析与建议 [J].科技通报，2017，33(5)：248-253.

[16]　吴磊琦，谌凯，林志坚，等.基于专利分析的医用机器人发展态势研究 [J].科技通报，2017，33(6)：242-247.

[17]　谌凯，吴巧玲，赵云飞，等.基于专利地图技术的增程式电动车产业专利竞争情报研究 [J].情报探索，2015（4）：54-60.

[18]　谌凯，吴巧玲，林志坚，等.基于专利分析和 SWOT 分析的我国增程式电动汽车开发战略研究 [J].科技管理研究，2015，35(13)：126-131.

[19]　林志坚，赵云飞，谌凯，等.基于专利分析的倍捻机领域发展趋势研究 [J].上海纺织科技，2015，43(9)：91-93，96.

[20]　谌凯，林志坚，应向伟，等.基于专利地图的农业机器人技术发展态势研究 [J].农机化研究，2016，38(9)：1-9，22.

[21]　林志坚，赵蕴华，谌凯，等.土壤信息采集和分析技术专利情报研究 [J].中国农机化学报，2016，37(5)：200-205.

[22]　林志坚，赵蕴华，谌凯，等.基于专利分析的作物病虫草害检测技术发展趋势研究 [J].中国农业科技导报，2016，18(4)：208-217.

[23]　储晓露，赵云飞，林志坚，等.基于专利分析的络筒机行业发展趋势研究 [J].上海纺织科技，2016，44(10)：55-58.

[24]　应向伟，林志坚，谌凯，等.基于专利分析的剑杆织机领域发展趋势研究 [J].现代纺织技术，2017，25(1)：65-71.

[25]　吴叶青，谌凯，应向伟，等.基于专利地图的喷药无人机技术发展态势研究 [J].世界农业，2016(12)：44-54，259.

[26] 谌凯，林志坚，储晓露，等 . 基于专利地图的喷气织机领域发展态势研究 [J]. 现代纺织技术，2016，24(6)：31-36.

[27] 林志坚，林晔，谌凯，等 . 推动浙江省虚拟现实产业发展的专利分析与建议 [J]. 科技通报，2017，33(5)：248-253.

[28] 吴磊琦，谌凯，赵志娟，等 . 农业机械动力装置燃油喷射技术专利竞争态势分析 [J]. 浙江农业学报，2017，29(6)：1037-1042.

[29] 储晓露，林志坚，谌凯，等 . 推动浙江省骨修复替代材料产业发展的专利分析与建议 [J]. 江苏科技信息，2017(30)：17-21.

[30] 林志坚，潘婷婷，储晓露，等 . 基于专利分析的浙江省牙科材料产业发展对策与建议 [J]. 竞争情报，2017，13(5)：29-36.

[31] 谌凯，应向伟，吴叶青，等 . 基于专利分析和文献计量的我国医药制造业发展态势研究 [J]. 科技管理研究，2018，38(2)：103-111.

[32] 林志坚，谌凯，潘婷婷，等 . 国内外虚拟现实技术专利分析研究 [J]. 竞争情报，2018，14(1)：24-32.

[33] 袁继新，王小勇，林志坚，等 . 产业链、创新链、资金链"三链融合"的实证研究：以浙江智慧健康产业为例 [J]. 科技管理研究，2016(14)：31-36.

[34] 王衍 . 专利分析在企业竞争情报中的应用研究 [J]. 情报探索，2012(1)：58-61.

[35] 罗天雨 . 核心专利判别方法及其在风力发电产业中的应用 [J]. 图书情报工作，2012，56(24)：96-101.

[36] 顾震宇，卞志昕，路炜，等 . 应用领域专利地图的方法及实证研究 [J]. 情报杂志，2009，28(9)：21-26.

[37] 顾震宇，路炜，肖沪卫 . 燃料电池机动车辆专利地图研究 [J]. 汽车工程，2010，32(2)：173-178.

[38] 顾震宇 . 基于案例分析的区域专利分析方法应用研究 [J]. 情报杂志，2010，29(8)：40-44.

[39] 顾震宇，卞志昕 . 使用 Thomson Data Analyzer 进行专利分析的几点研究 [J]. 竞争情报，2007(2)：10-12.

[40] 栾明 . 基于专利分析视角的天津市发展新能源汽车产业的对策分析 [J]. 科技管理研究，2013，33(3)：67-70.

[41] 赖院根，朱东华，刘玉琴 . 专利法律状态信息分析的理论研究及其实证 [J]. 情报

杂志，2007，26（8）：56–59.

[42]　蒋君，凌锋，霍翠婷 . 我国专利法律状态分析及实证研究 [J]. 科技管理研究，2014，34(3)：171–175.

[43]　江南雨 . 保密通信领域专利信息调研分析：基于德温特专利文献系统的检索数据 [J]. 图书情报工作，2009，53(8)：67–71.

[44]　梁琴琴，赵志耘，赵蕴华 . 全球 MEMS 传感器技术创新现状与趋势：基于 2000—2014 年专利分析 [J]. 科技管理研究，2016，36(10)：165–169.

[45]　梁琴琴，赵志耘，赵蕴华，等 . 基于专利分析的质谱仪质量分析器现状和趋势研究 [J]. 现代情报，2015，35(8)：61–65.

[46]　李志荣，赵志耘，赵蕴华，等 . 专利信息分析服务于科研项目管理的工作流程 [J]. 全球科技经济瞭望，2016，31(4)：18–23.

[47]　梁琴琴，刘琦岩，郑彦宁 . 机器人产业竞争态势与创新路径研究 [J]. 中国国情国力，2017(8)：12–15.

[48]　法律出版社法规中心 . 中华人民共和国专利法　中华人民共和国专利法实施细则 [M]. 北京：法律出版社，2015.

[49]　杨铁军 . 产业专利分析报告（第 3 册）：切削加工刀具 [M]. 北京：知识产权出版社，2012.

[50]　杨铁军 . 产业专利分析报告（第 10 册）：功率半导体器件 [M]. 北京：知识产权出版社，2013.

[51]　杨铁军 . 产业专利分析报告（第 12 册）：液晶显示 [M]. 北京：知识产权出版社，2013.

[52]　杨铁军 . 产业专利分析报告（第 19 册）：工业机器人 [M]. 北京：知识产权出版社，2014.

[53]　杨铁军，曾志华 . 专利信息利用导引 [M]. 北京：知识产权出版社，2011.

[54]　杨铁军，曾志华 . 专利信息利用技能 [M]. 北京：知识产权出版社，2011.

[55]　杨铁军 . 专利分析可视化 [M]. 北京：知识产权出版社，2017.

[56]　杨铁军 . 专利分析实务手册 [M]. 北京：知识产权出版社，2012.

[57]　侯筱蓉 . 基于引文路径分析的专利技术演进图研究 [D]. 重庆：重庆大学，2008.

[58]　中国科学技术信息研究所 . 专利分析的方法探索与实证研究 [M]. 北京：科学技术文献出版社，2016.

[59]　王雅琦.基于专利文献分析的中小企业技术创新研究 [D].南京：南京航空航天大学，2013.

[60]　高利丹.基于专利文献的技术生命周期分析模式研究 [D].成都：西南交通大学，2011.

[61]　骆云中，陈蔚杰，徐晓琳.专利情报分析与利用 [M].上海：华东理工大学出版社，2007.

[62]　Frietsch R，Schmoch U，Neuhäusler P，et al.Patent applications structures，trends and recent developments[M].Berlin：Expertenkommission Forschung and Innovation，2010.

[63]　赵旭.基于全信息的智能化农业装备技术专利战略研究 [D].镇江：江苏大学，2010.

[64]　知识产权出版社有限责任公司.全国专利代理人资格考试指南（2018）[M].北京：知识产权出版社，2018.

[65]　马天旗.专利分析：方法、图表解读与情报挖掘 [M].北京：知识产权出版社，2015.

[66]　马天旗.专利布局 [M].北京：知识产权出版社，2016.

[67]　马天旗.专利挖掘 [M].北京：知识产权出版社，2016.

[68]　马天旗.高价值专利筛选 [M].北京：知识产权出版社，2018.

[69]　国家知识产权局专利局专利审查协作江苏中心.热点专利技术分析与运用（第 1 辑）[M].北京：知识产权出版社，2015.

[70]　国家知识产权局专利局专利审查协作江苏中心.热点专利技术分析与运用（第 2 辑）[M].北京：知识产权出版社，2016.

[71]　国家知识产权局专利局专利审查协作江苏中心.热点专利技术分析与运用（第 3 辑）[M].北京：知识产权出版社，2017.

[72]　威廉 J.墨菲，约翰 L.奥科特，保罗 C.莱姆斯.专利估值：通过分析改进决策 [M].张秉斋，肖迎雨，曹一洲，等译.北京：知识产权出版社，2017.

[73]　董新蕊，朱振宇.专利分析运用实务 [M].北京：国防工业出版社，2016.

[74]　甘绍宁，曾志华.专利信息利用实践 [M].北京：知识产权出版社，2013.

[75]　毛金生，冯小兵，陈燕.专利分析和预警操作实务 [M].北京：清华大学出版社，2009.

[76]　肖沪卫.专利地图方法与应用 [M].上海：上海交通大学出版社，2011.

[77]　中华人民共和国国家知识产权局.专利审查指南 2010（修订版）[M].北京：知识产权出版社，2017.

[78]　李建蓉.专利信息与利用 (第 2 版)[M].北京：知识产权出版社，2011.

[79]　江镇华.怎样检索中外专利信息 (第 2 版)[M].北京：知识产权出版社，2007.

[80]　国家知识产权局专利局审查业务管理部.专利审查指南修订导读 2010[M].北京：知识产权出版社，2010.

[81]　陈燕，黄迎燕，方建国，等.专利信息采集与分析 (第 2 版)[M].北京：清华大学出版社，2014.

[82]　应向伟，吴巧玲.农业装备智能控制系统发展动态研究 [M].北京：科学技术文献出版社，2017.

[83]　林志坚.高速通信技术 LTE 专利动向调研报告 [R].杭州：浙江省科技信息研究院，2013.

[84]　应向伟，谌凯，林志坚.农业装备智能控制系统发展动态研究报告 [R].杭州：浙江省科技信息研究院，2015.

[85]　林志坚.杭州未来5 ～ 10 年高新技术新兴产业领域选择性研究：虚拟现实产业发展态势研究 [R].杭州：浙江省科技信息研究院，2016.

[86]　吴巧玲，谌凯，林志坚.增程式电动车技术开发专利战略研究 [R].杭州：浙江省科技信息研究院，2013.

[87]　林志坚.基于专利分析的浙江省生物医用材料产业发展思路与对策研究 [R].杭州：浙江省科技信息研究院，2017.

[88]　谌凯.机器人专利战略分析研究报告：服务机器人人机协同与安全 [R].杭州：浙江省科技信息研究院，2018.

[89]　专利申请号标准：ZC 0006—2003[S].中华人民共和国国家知识产权局，2003.

[90]　中国专利文献号：ZC 0007—2012[S].中华人民共和国国家知识产权局，2012.

[91]　中国专利文献种类标识代码：ZC 0008—2012[S].中华人民共和国国家知识产权局，2012.

[92]　用双字母代码表示国家、其他实体及政府间组织的推荐标准：WIPO ST.3[S].世界知识产权组织，2011.

[93]　对公布的专利文献编号的建议：WIPO ST.6[S].世界知识产权组织，2003.

[94]　工业产权申请号码的推荐标准：WIPO ST.13[S].世界知识产权组织，2008.

[95] 用于标识不同种类专利文献的推荐标准代码：WIPO ST.16[S]. 世界知识产权组织，2001.

[96] 国家知识产权局 . 专利文献基础知识 [EB/OL].[2018-03-24]. http://www.sipo.gov.cn/wxfw/zlwxxxggfw/zsyd/zlwxjczs/index.htm.

[97] 国家知识产权局 . 专利文献与信息标准：国际标准 [EB/OL].[2018-03-24]. http://www.sipo.gov.cn/wxfw/zlwxxxggfw/zsyd/bzyfl/zlwxyxxbz_gjbz/index.htm.

[98] 国家知识产权局 . 专利文献与信息标准：国内标准 [EB/OL].[2018-03-24]. http://www.sipo.gov.cn/wxfw/zlwxxxggfw/zsyd/bzyfl/zlwxyxxbz_gnbz/index.htm.

[99] 国家知识产权局 . 分类工具：国际专利分类 [EB/OL].[2018-03-24]. http://www.sipo.gov.cn/wxfw/zlwxxxggfw/zsyd/bzyfl/flgj_gjzlfl/index.htm.

[100] 国家知识产权局 . 中国专利公布公告：IPC 分类查询 [EB/OL].[2018-03-24]. http://epub.sipo.gov.cn/ipc.jsp.

[101] SooPAT 专利搜索引擎 . 国际专利分类号（IPC）检索工具 [EB/OL].[2018-03-24]. http://www2.soopat.com/IPC/Index.

[102] WIPO.International Patent Classification(IPC) [EB/OL].[2018-03-24]. http://www.wipo.int/classifications/ipc/en.

[103] Clarivate Analytics.Manual code lookup[EB/OL].[2018-03-24]. https://clarivate.com/mcl.

[104] Espacenet Patent Search.Cooperative Patent Classification[EB/OL]. [2018-03-24]. https://worldwide.espacenet.com/classification?locale=en_EP.

[105] USPTO.Classification standards and development[EB/OL].[2018-03-24]. https://www.uspto.gov/patents-application-process/patent-search/classification-standards-and-development.

[106] 国家知识产权局 . 专利文献研究：基础研究 [EB/OL]. [2018-03-24]. http://www.sipo.gov.cn/wxfw/zlwxxxggfw/zsyd/zlwxyj/jcyj/index.htm.

[107] Clarivate Analytics.Web of science：products and tools[EB/OL]. [2018-03-24]. http://wokinfo.com/products_tools/products/?utm_source=false&utm_medium=false&utm_campaign=false.

[108] Clarivate Analytics.Derwent Innovation[EB/OL]. [2018-03-24].https://clarivate.com/products/derwent-innovation.

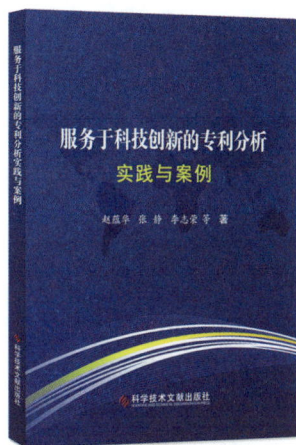

《服务于科技创新的专利分析
实践与案例》
赵蕴华 张 静 李志荣 等
ISBN 978-7-5189-0315-3
定价：88 元

《专利分析的方法探索与实证
研究》
中国科学技术信息研究所
ISBN 978-7-5189-1748-8
定价：68 元

《专利信息资源挖掘与发现关
键技术研究》
刘 耀 朱礼军 靳 玮
ISBN 978-7-5189-3616-8
定价：58 元

《基于专利分析的高新技术企
业技术威胁识别研究》
张丽玮
ISBN 978-7-5189-2116-4
定价：52 元

《基于论文和专利资源的技术
机会发现方法》
徐 硕
ISBN 978-7-5189-3875-9
定价：68 元

《应对全球气候变化关键技术
专利分析》
中国科学技术信息研究所
978-7-5189-2637-4
定价：98 元

图书购买或征订方式

关注官方微信和微博可有机会获得免费赠书

淘宝店购买方式：

直接搜索淘宝店名：**科学技术文献出版社**

微信购买方式：

直接搜索微信公众号：**科学技术文献出版社**

重点书书讯可关注官方微博：

微博名称：**科学技术文献出版社**

电话邮购方式：

联系人：王　静

电话：010－58882873，13811210803

邮箱：3081881659@qq.com

QQ：3081881659

汇款方式：

户　名：科学技术文献出版社

开户行：工行公主坟支行

帐　号：0200004609014463033